DIE 5-STUNDEN-REVOLUTION

Lasse Rheingans, Jahrgang 1980 und gebürtiger Bielefelder, studierte in München und Byron Bay, bis er zurück an der Universität Bielefeld seinen Master of Science in »Interdisziplinärer Medienwissenschaft« abschloss.

Nach verschiedenen Stationen in der Digitalwirtschaft sowohl als Berater als auch als Agenturinhaber gründete er im Sommer 2017 die Rheingans GmbH, mit der er als »Rheingans Digital Enabler« im November 2017 den Fünf-Stunden-Tag einführte.

Mit seinem neuen Konzept von New Work gewann er nicht nur den 2. Platz des *Chefsache Awards* für Chancengleichheit in Unternehmen, sondern im Frühjahr 2019 noch den 1. Platz des *XING New Work Award*. Er ist gefragter Experte, wenn es um Kulturwandel, Digitalisierung und die Zukunft der Arbeit geht.

Lasse Rheingans

DIE 5-STUNDEN-REVOLUTION

Wer Erfolg will, muss Arbeit neu denken

Campus Verlag
Frankfurt/New York

MIX
Papier aus verantwortungsvollen Quellen
FSC® C089473
www.fsc.org

ISBN 978-3-593-51072-9 Print
ISBN 978-3-593-44284-6 E-Book (PDF)
ISBN 978-3-593-44283-9 E-Book (EPUB)

Umschlaggestaltung: total italic, Thierry Wijnberg, Amsterdam/Berlin
Umschlagmotiv: © Shutterstock: O.V.D.
Satz: Publikations Atelier, Dreieich
Icons (S. 49): designed by Smashicons, Eucalyp, Freepik from Flaticon and by Alina Oleynik, blemmie, Ben Davis, Gimzy7 from Noun Project
Gesetzt aus der Minion Pro und der Atrament
Druck und Bindung: Beltz Grafische Betriebe GmbH, Bad Langensalza
Printed in Germany

www.campus.de

Inhalt

Einblick

Darum geht's in diesem Buch

Warum wir weniger arbeiten und trotzdem mehr leisten können

Eine 25-Stunden-Arbeitswoche, vergütet mit einem Gehalt wie für die bisher übliche 38,5- oder 40-Stunden-Woche? Ist der Mann verrückt geworden? Das kann doch gar nicht gehen!

Wenn das Ihre spontanen Gedanken waren, als Sie dieses Buch zum ersten Mal gesehen haben, dann befinden Sie sich in guter Gesellschaft. So ungefähr reagierten auch meine Freunde und Mitarbeiter, als ich ihnen von meinem Plan erzählte. Der Acht-Stunden-Tag ist im westlich geprägten Kulturkreis seit der Mitte des 19. Jahrhunderts tief verankert. Weltweit als erste führten ihn die Australier im Jahre 1856 ein, Neuseeland folgte im Jahr darauf, Deutschland zog erst als drittes Land der Erde 1884 nach. Es ist völlig normal, jemandem mit Misstrauen zu begegnen, der an diesem Fundament rüttelt.

Ich kann Sie jedoch beruhigen: Ich bin bei klarem Verstand, meiner Firma geht es gut, und meine Mitarbeiter sind heute glücklicher als noch zu Zeiten ihres Acht-Stunden-Tages. Und sie sind produktiver! Denn genau darum ging und geht es mir bei der 25-Stunden-Woche ohne Lohnausgleich nach unten, also ohne zeitanteilige Gehaltssenkung. Ich behaupte: Wem es mit seiner

Belegschaft gelingt, dieselbe oder sogar eine höhere Produktivität bei reduzierter Arbeitszeit zu erreichen, der muss den Wettbewerb mit Unternehmen, bei denen die Mitarbeiter wie bisher von morgens 9 Uhr bis nachmittags um 17 Uhr am Arbeitsplatz sind, nicht fürchten.

Die 25-Stunden-Woche ist eine gute Idee – aber meine war es nicht

Wobei ich keineswegs nur mal eben eine gewagte Behauptung in den Raum stelle. Mein eigenes Unternehmen, Rheingans Digital Enabler in Bielefeld, ist der sichtbare Beweis dafür, dass sie stimmt. Unter bestimmten Voraussetzungen, das muss ich fairerweise vorausschicken, denn ohne Regeln und Verhaltensänderungen gelingt es nicht. Eine Produktivitätssteigerung von fast 40 Prozent bekommt niemand einfach so geschenkt. In diesem Buch werde ich eingehend und mit größtmöglicher Transparenz über den Verlauf unseres Selbstversuchs und sein Ergebnis berichten.

Allerdings will ich mich nicht mit fremden Federn schmücken. Ich bin beileibe nicht als erster Firmenchef auf die Idee gekommen, die betriebliche Arbeitszeit für alle Mitarbeiter zu reduzieren und ihnen trotzdem das Gehalt für werktäglich acht Stunden weiter zu bezahlen. Weltweit gibt es bereits eine Handvoll Unternehmen, die die Stundenzahl in unterschiedlicher Form reduziert haben, ihren Mitarbeitern das gleiche Gehalt wie zuvor bezahlen und dabei ihre Firmen *nicht* an die Wand gefahren haben. Die Vorreiter sitzen in den Vereinigten Staaten, in Neuseeland und in Schweden. Das ist alles andere als ein Zufall. In diesen Ländern haben die Menschen eine andere Einstellung zu Arbeit, Beruf und Familie als wir in Good Old Europe. Während wir ziemlich verkniffen und verkopft an die Sache herangehen (»Erst die Arbeit, dann das Vergnügen«), ist man dort relaxed. Die Menschen am anderen Ende der Welt sind in vielerlei Hinsicht von Haus aus viel entspannter und zufriedener mit sich und ihrem Leben.

Auch wir haben manches falsch gemacht. Aber am Ende war alles richtig.

Weil ich angenommen habe (und jetzt sicher bin), dass sich diese Haltung auch anderswo positiv auf die Leistungen im Beruf auswirkt, habe ich im Spätherbst 2017 den Fünf-Stunden-Arbeitstag bei uns in Bielefeld eingeführt. Nun, nach rund zwei Jahren, ist es Zeit für einen schonungslosen Erfahrungsbericht.

Drei Dinge gelobe ich:

Ich werde keine einzige Krise unter den Teppich kehren, die wir als Team und ich als Unternehmer aufgrund des Fünf-Stunden-Tages in den zurückliegenden zwei Jahren durchlitten und überstanden haben.

Ich werde ehrlich von unseren Erfolgen berichten – von denen, die ich erwartet habe, und von den anderen, mit denen ich nie gerechnet hätte und die mich deshalb ziemlich überrascht haben.

Ich werde nachvollziehbar darlegen, unter welchen Bedingungen der Fünf-Stunden-Tag funktioniert. Denn das oberste Ziel dieses Buches ist es, anderen Firmenchefs Mut zu machen, unserem Beispiel zu folgen.

Wie ich auf die revolutionäre Idee gekommen bin

Der Ausgangspunkt meiner Idee, die ich zusammen mit meinem Team in der Agentur umgesetzt habe, ist ganz einfach. Bislang ist unsere Arbeitswelt von der *Präsenz*kultur geprägt. Wo auch immer unser Arbeitsplatz ist, ob in einer Halle oder in einer Werkstatt, in einem Ladenlokal, im Büro, in einem Krankenhaus, Kindergarten, im Gericht, in der Schule oder Universität: Ohne großartig darüber nachzudenken gehen wir alle davon aus, dass die am Arbeitsplatz verbrachte Zeit der Leistung eines Mitarbeiters entspricht.

Die Gleichung *Anwesenheitszeit = Leistung* ist tief in unseren Köpfen verankert.

Was nicht weiter schlimm wäre, würde sie denn heute noch stimmen.

Aber das tut sie eben nicht. Denn am Arbeitsplatz leisten wir ja nicht nur die Arbeit, für die wir bezahlt werden. Sondern:

Wir reden auch mit unseren Kollegen über private Dinge.

Wir stellen die Ohren auf Empfang, wenn jemand ins Nachbarbüro kommt.

Wir füllen am Computer eine private Onlineüberweisung aus.

Wir rufen zwischendurch den Klempner an, damit der unsere Sprinkleranlage im Garten repariert.

Wir kauen einen Müsliriegel oder lassen uns das Käsebrot schmecken.

Wir beratschlagen, was wir der Kollegin aus dem Marketing zum Geburtstag schenken können.

Wir gießen unseren geliebten Ficus Benjamini und zupfen ihm zärtlich seine vertrockneten Blätter ab.

Wir trödeln, wenn wir uns unbeobachtet glauben.

Wir holen schnell mal ein Paket ab aus der nahegelegenen Postfiliale oder den Anzug aus der Reinigung.

Wir loggen uns immer mal zwischendurch in *World of Warcraft*, *Fortnite* oder ein anderes Onlinespiel ein.

Wir zerbrechen uns einen halben Tag lang den Kopf, was die Chefin neulich mit ihrer spitzen Bemerkung gemeint haben könnte.

Wir lassen uns von dem regen Treiben vor dem Schaufenster ablenken.

Wir erinnern uns an den Rat unseres Physiotherapeuten und spannen und entspannen wechselweise unsere Muskeln.

Wir machen auf die Schnelle das Kreuzworträtsel im Magazin der Berufsgenossenschaft fertig.

Wir holen uns Bargeld vom Geldautomaten in der Bank gegenüber.

Wir schauen mehrmals täglich bei unseren bevorzugten Social Networks vorbei.

Wir laufen in die Kaffeeküche und besorgen uns Tee oder Wasser.

Wir besuchen die Kollegen in anderen Abteilungen.

Wir informieren uns in den Onlinemedien über das Wetter oder die Nachrichtenlage.

Wir planen das Wochenende mit den Freunden.

Wir koordinieren die Arzttermine der Kinder, den Werkstattaufenthalt des Autos oder die Verlängerung des Personalausweises.

Sehen Sie, was wir alles in die Arbeitszeit hineinpacken, ohne dass es direkt mit unserer Arbeitsleistung zu tun hat? Die – wie ich sie nenne – »Mikropausen« sind in den herausfordernden Arbeiten von heute in einem Acht-Stunden Tag sicher notwendig. Aber führen sie zum gewünschten Arbeitsergebnis? Könnten wir dieses nicht auch konzentriert in weniger Zeit leisten? Deshalb stimmt die Gleichung Anwesenheitszeit = Leistung nicht. Tatsächlich entspricht nur die *produktiv genutzte* Arbeitszeit der Leistung.

Wie ich die Idee in Richtung Win-win weitergedacht habe

Wenn es mir als Unternehmer also gelingt, meine Mitarbeiter in fünf Stunden Arbeitszeit dieselbe oder gar eine höhere Leistung als in acht Stunden erbringen zu lassen, *wenn ich sie also produktiver werden lasse*, dann gewinnen beide Seiten. Meine Leute gewinnen mehr Zeit für sich und ihre Bedürfnisse, und ich gewinne als Unternehmer die wichtigste Ressource der Zukunft: zufriedene und hoch motivierte Mitarbeiter.

Ich bin fest davon überzeugt, dass vor allem die mittelständischen Unternehmen angesichts der Digitalisierung und des demografischen Wandels einen grundlegenden Paradigmenwechsel einleiten müssen: Statt der üblichen und viel zu wenig hinterfragten Präsenzkultur brauchen wir eine *Leistungs*kultur, bei der das Ergebnis der Arbeit zählt und nicht, wann, wo und wie lange daran gearbeitet wurde.

Mit meinem Buch, in dem ich meine Gedanken und Erfahrungen bei der Umsetzung des Fünf-Stunden-Arbeitstags, aber auch Beispiele anderer Unternehmen darlege, möchte ich eine Debatte anstoßen und Leserinnen und Leser auffordern, ihr bisheriges Denken in Frage zu stellen und neue Wege und Lösungen zu finden.

Besonders ans Herz lege ich dieses Buch Unternehmerinnen und Unternehmer aus dem Mittelstand. Liebe Kolleginnen und Kollegen: Ich bin mir sicher, dass der Fünf-Stunden-Arbeitstag die schwierigsten Probleme lösen kann, vor denen der Mittelstand heute und erst recht morgen steht: die geringe Flexibilität und Innovationsfähigkeit durch überarbeitete Mitarbeiter sowie den Mangel an qualifizierten und motivierten Mitarbeitern.

Wer, statt mit alten Strukturen die kreativen Potenziale einzuschränken, als attraktiver Arbeitgeber auftreten möchte, kann sich mit diesem revolutionären Arbeitszeitmodell einen echten

Wettbewerbsvorteil sichern. Und dabei eine ungeahnte Menge an Produktivität hervorbringen. Viel wichtiger aber noch: Die heutzutage notwendige Kreativität und Innovationskraft werden Sie mit erschöpften Mitarbeitern nicht erreichen können. Die 25-Stunden-Woche jedoch bietet dafür eine gute, wenn nicht sogar die einzige Chance.

Nur Mut! Ich drücke Ihnen ganz fest die Daumen.

Bielefeld, im Sommer 2019

Kapitel 1

Was das Wir davon hat, wenn das Ich gewinnt

Wie ich auf die Idee der 25-Stunden-Woche gekommen bin

Wer aus der deutschen Provinz zum Studium nach München geht, lernt im Handumdrehen zwei Dinge. Erstens: Das Leben in der Stadt ist teuer. Um halbwegs über die Runden zu kommen, muss man sich mindestens einen, besser zwei Jobs suchen. Zweitens: Wenn man sein Studium ernsthaft betreibt und nebenbei arbeiten geht, hat man kaum Zeit, das verdiente Geld auszugeben. Hobbys nachzugehen und sich ausgiebig mit Freunden zu treffen, kann man vergessen. Entweder hat man Zeit – dann hat man kein Geld. Oder man hat Geld – dann hat man keine Zeit. Das ist das grundlegende Dilemma unserer Zeit. Ich bekam eine Ahnung davon, als ich gerade zwanzig Jahre alt war.

Wenn Prüfungen in der Uni anstanden, war es ähnlich: Dann musste ich tagelang lernen und meinen Freunden absagen. Wenn es ruhiger zuging und sie mich aufforderten, irgendwas Cooles zu unternehmen, dann arbeitete ich meist bei der Messe München, um meine Wohnung bezahlen zu können. Okay, der Job hat Spaß gemacht. Und er brachte Geld. Dafür kostete er Freizeit. Deshalb stand am Ende der Rechnung immer plus minus Null.

Unglücklich war ich nicht. Aber auch nicht durch und durch heiter. Zu einem glücklichen Leben fehlte mir etwas, von dem ich gar nicht sagen konnte, was es war. Ich dachte nur: »Das kann es doch nicht sein.« Dass ich mich womöglich in den nächsten sechzig Jahren immer wieder zwischen diesen zwei Übeln würde entscheiden müssen, nämlich zwischen »kein Geld« und »keine Zeit« haben, wurde mir erst später klar. Da hatte ich meinen Studienplatz in München schon gegen einen in Byron Bay, New South Wales, eingetauscht. Und erst dort, am östlichsten Zipfel Australiens, das heißt quer durch die Erdkugel ziemlich genau gegenüber von München, begriff ich, dass der vermeintliche Fehler gar nicht im System, sondern in meinem Blick darauf steckte:

Schließlich könnte ich, wenn mich das TINA-Prinzip *(There Is No Alternative)* auf die Wahl zwischen mehr Geld und mehr Zeit festnageln will, schlicht und einfach »Nein« sagen. Ich könnte einen Kompromiss suchen. Ich könnte mich bei beiden Zielen mit Weniger bescheiden.

There is always an alternative

Von wegen TINA – es gibt immer eine Alternative. Man muss sie nur wählen wollen. Anders ausgedrückt: Wenn man sich nicht wohlfühlt, dann muss man etwas ändern. Der Psychologe Jens Corssen hat es in seinem Buch *Der Selbstentwickler* so formuliert: »Wo ich bin, will ich sein.« Umgekehrt bedeutet das: Wenn ich dort, wo ich bin, nicht sein will, dann muss ich mich anderswo hinbewegen. Zum Beispiel raus aus einem vorgeblichen Sachzwang. Oder wie ich: Aus meinem Münchner Alltag zwischen Lernen und Geldverdienen auf die andere Hälfte der Erdkugel, und wenn es vorerst auch nur für eine neue Perspektive war. Meine damalige Freundin konnte ich sogar davon überzeugen, mich zu begleiten. Wie gesagt: Es gibt immer eine Alternative.

Viele Menschen begnügen sich mit einer weniger einträglichen Arbeit, wenn sie dafür mehr Zeit für sich und ihre (Vor-)Lieben haben. Sie ignorieren bewusst die Zielvorgabe unseres Wirtschaftssystems: »Beschaffe Dir (auf legale Weise) so viel Geld wie möglich« und leben im Einklang mit ihrer höchstpersönlichen Work-Life-Balance. Ihr Lebensmotto lautet: »Was ich habe, genügt mir. Mehr Stress als nötig will ich nicht.« Die Amerikaner haben für diese Einstellung den Begriff »Downshifting« erfunden. Ich finde, das trifft es nicht ganz. Denn wieso sollte es *hinunter* (down) gehen, wenn ich mich über vermeintliche Zwänge *hinweg*setze? Und allein beim Gedanken an Downshifting höre ich eine innere Stimme, die mahnt: Und was ist mit der Rente? Es müsste also auch eine andere Möglichkeit geben.

Für mich, den Zwanzigjährigen, war das ein genialer Geistesblitz. Doch vor mir sind schon andere darauf gekommen.

Nehmen wir uns ein Beispiel an den Aussies

In Australien zum Beispiel habe ich eine andere Haltung erlebt. Sie zieht sich durch die gesamte Arbeitskultur in Down Under, und wer sie einmal erlebt hat, der reiht sich nur mit viel Mühe wieder ein in unsere europäische Plackereikultur, die angeblich vom Geist der protestantischen Ethik geprägt ist. Bis auf die andere Seite der Welt hat der es nie geschafft. Was ich gar nicht so schlecht finde.

Australier, die meisten jedenfalls, haben nicht solche Eile wie wir. Sie haben nicht diese Bissigkeit, diese Versessenheit. Die Aussies sind auf der Arbeit weitaus lockerer und menschlicher als wir – was sicherlich nicht heißt, dass sie fünfe gerade sein lassen und über Fehler hinwegsehen. Sie haben nur eine völlig andere Beziehung zu ihrem Job als wir in Deutschland. Die Menschen dort leben nicht für die Arbeit, sondern arbeiten, um zu leben, *laid back, take it easy*. Sie gehen das Arbeitsleben entspannter an als wir. Wer an der Küste lebt, schlendert zum Beispiel oft noch vor der Arbeit an den Strand zum Surfen. Schule und Job beginnen in Australien erst um neun Uhr. *Easy going, mate.*

Weil sich die Menschen dort nicht für den Job zerreißen, heißt das nicht, dass sie deshalb am Hungertuch nagen müssen oder schlechte Arbeit machen. Die Insel gehört weder zur Dritten Welt noch schrammt sie ständig an der Staatspleite entlang noch leiden ihre Bewohner an kollektiver Depression. Im Gegenteil: Seit 26 Jahren wächst die Wirtschaft, und die Menschen fühlen sich Umfragen zufolge mehrheitlich wohl. Natürlich haben manche Australier auch das Gefühl, dass sie zu wenig von beidem haben. Zu wenig Geld *und* zu wenig Zeit. Kompromisse machen nicht jeden richtig glücklich.

Ich aber war in Australien richtig glücklich. Ich hatte meinen Kompromiss für mich gefunden. Ich arbeitete intensiv und hochkonzentriert, wenn ich Geld brauchte, und wenn ich damit hinkam, dann legte ich Pausen ein und traf Freunde, trieb mich am Strand herum oder lernte für die Uni. Ich habe mich dem australischen Lifestyle gut und gerne angepasst. Mit meinen Arbeitsergebnissen damals habe ich trotzdem einen Preis gewonnen, was zeigte: Es geht doch. Zwischendurch, während ich mich in Byron Bay auf meinen Bachelor im Fach Medienproduktion vorbereitete, kaute ich immer mal wieder auf meinem mir revolutionär dünkenden Gedanken herum.

Wer zwingt uns eigentlich, zwischen »mehr Geld« und »mehr Zeit« zu wählen?

Der ging etwa so: Statt sich dem Entscheidungsdruck »Geld oder Zeit« zu unterwerfen oder irgendwo dazwischen sein persönliches Optimum anzusiedeln und anzustreben, müsste man die Zwickmühle an sich in Frage stellen. Man könnte sich zum Beispiel fragen: Wer zwingt uns eigentlich zur Wahl zwischen den Antipoden »mehr Zeit« oder »mehr Geld« oder irgendetwas dazwischen? Wer schreibt uns vor, dass wir uns für *ein* Ziel entscheiden müssen? Ich weiß, es klingt verrückt. Aber wäre es nicht möglich, beides gleichzeitig zu haben? Mehr freie Zeit und mehr Geld – zumindest nicht viel weniger Geld. Wenigstens versuchen könnte man doch, beides gleichzeitig zu erreichen.

In Australien ist mir besonders klar geworden, wie wichtig es ist, mich vom Ziel »Geld verdienen« nie so sehr in den Bann ziehen zu lassen, dass die Beziehung zu meiner Freundin und unser künftiges Familienleben an Zeitmangel eingehen würden. Eigentlich habe ich mich noch nie besonders an Geld festgehalten. Dankenswerterweise wurde mir das so von meiner Familie vorgelebt.

Im Herbst 2004 bin ich mit meiner damals zukünftigen Frau nach Bielefeld zurückgegangen und habe mich für das Masterprogramm in interdisziplinärer Medienwissenschaft an der Uni Bielefeld eingeschrieben. Nebenbei habe ich immer wieder Arbeitsphasen eingelegt; Hier eine Webseite umgesetzt, kleinere Unternehmen beraten, dort ein Stück Software entwickelt. Das Geld, das ich damit verdient habe, habe ich für meinen Lebensunterhalt verwendet und das, was davon übrigblieb, freitagabends zusammen mit Freunden auf den Kopf gehauen. Für eine Zeitlang war ich erneut dem Zielkonflikt »mehr Geld« oder »mehr Zeit« ausgewichen. Geld habe ich so viel verdient, wie nötig war, um die Zeit für Beziehung oder Freunde in vollen Zügen genießen zu können. Ich lebte ein Leben, wie es heute als Freelancer-Ideal gepriesen und zehntausendfach gelebt wird. Ende 2006 hatte ich den Masterabschluss in der Tasche. Ich fühlte mich frei und selbstbestimmt. Und ich dachte: »So kann es weitergehen.«

Wie mich TINA im Alltag wieder eingeholt hat

Im Frühjahr darauf gründete ich gemeinsam mit einem Bekannten eine Agentur für technische Dienstleistungen. Anfangs fühlte sich das genau richtig an. Mein Kompagnon war Betriebswirt, ich Medienwissenschaftler mit Schwerpunkt Texttechnologie und Informatik. Aus der Entfernung betrachtet war das eine gute Kombination: Er war in seinem vorigen Job Controller in einem mittelständischen Unternehmen gewesen, ich derjenige mit dem benötigten fachlichen Background. Während ich als kreativer Problemlöser technische Herausforderungen schnell erfassen und ihnen begegnen konnte, wie ich es als Einzelkämpfer auch schon einige Jahre gemacht hatte, war er der ruhigere von uns und kümmerte sich um Finanzen, Vertragswesen und Organisation.

Neben meinem Einsatz im Projektgeschäft spielte ich meine Stärken beim Netzwerken aus, sowohl in der Kunden- als auch in der Mitarbeitergewinnung. Aufgrund meiner verschiedenen Stationen in der Branche brachte ich neben der beruflichen Erfahrung ein großes Netzwerk ein, das uns nicht nur schnell immer größere Projekte, sondern auch freie oder feste Mitarbeiter zuspielte.

Um darüber hinaus in der schnelllebigen Software- und Webentwicklung auf dem Laufenden zu bleiben, tauschte ich mich mit anderen Agenturinhabern und -mitarbeitern der Region aus, besuchte Konferenzen und lokale Treffen, las relevante Magazine und Blogs. Zum Netzwerken gehörten natürlich auch alle sozialen Medien – teilweise waren das Plattformen, die heute schon wieder in Vergessenheit geraten sind. Für mich war klar: Es gab in jedem Fall immer mehr zu tun, als Zeit da war.

Meine Aufgaben und Arbeitsweisen und die meines Kollegen waren grundverschieden, und, wie sich immer wieder herausstellen sollte, ebenso unser Verständnis von Arbeit, Zielen und Prioritäten. Für mich war organisches Wachstum okay. Wichtiger war mir, sinnstiftend in einem positiven Umfeld zu arbeiten, in dem es meinen Kollegen und mir gutgeht und wir hochwertige Arbeit für Kunden leisten, die uns genauso wertschätzen wie wir sie. Für meinen Partner hingegen stand fest, dass wir schnell groß werden müssen und, so hoffte er, »hoffentlich bald über fünfzig Mitarbeiter haben.«

Ungeachtet der unterschiedlichen Einsatzgebiete und Herangehensweisen standen wir beide unter einem enormen Arbeitsdruck. Für mich war die Belastung sogar eine doppelte, denn ich hatte gleich zwei Mal gegründet: erst die Firma und dann eine Familie. Beides war mir gleichermaßen ernst und wichtig. Und weil ich dachte, als Unternehmer müsse man 150 Prozent geben, legte ich meine australische Lässigkeit nach und nach ab und landete unversehens in TINAs Laufrad.

Wir arbeiteten hart, um die Firma ans Laufen zu bringen und im Lauf zu halten. Jeder auf seine Art. Ich hatte nicht das Gefühl, neben der Familie und dem Aufbau der Firma viel Zeit für mich zu haben. Wenn ich mir Muße für persönliche Themen nahm, kam sofort ein schlechtes Gewissen hoch und bremste mich aus. An Australien dachte ich häufig. Im Sinne von schöner Erinnerung an ein Leben, dass einem Unternehmer »natürlich« verwehrt war. Mein Vorsatz, den Rhythmus meines Lebens selbst zu bestimmen, war ein Stück weit vom Tisch. Ich war Ende zwanzig und dachte allen Ernstes, das müsse so sein, wenn ich erfolgreich ein Unternehmen starten wollte. Gut, in Australien hatte ich gesehen, dass es auch anders gehen konnte. Aber nun war ich zurück in der TINA-Zwickmühle. Ohne dass ich es bemerkt hatte.

Meine Antwort auf die Frage, wie es mir gehe, schwankte je nach Tagesform zwischen »Ganz okay« und »Muss ja.«

Ich schätzte mich zwar glücklich, dass ich mein Hobby zum Beruf machen konnte. Denn ich liebe meine Arbeit. Ich brenne für sie und bin fasziniert von all den Möglichkeiten, die die Ergebnisse unserer Arbeit unseren Kunden eröffnen. Nur war für mich das Korsett, das ich dabei tragen musste, nicht geeignet. Das schlug auf meine Laune. Der Zwang stand einer guten Balance im Weg. Und ich merkte immer wieder, wie notwendig dieses Gleichgewicht für mich war, um die Qualität der Arbeit abzuliefern, die ich von mir selbst erwartete.

2008/2009 hatten wir zwar durchaus mit den Folgen der Wirtschaftskrise zu kämpfen, aber im Prinzip lief unsere Firma trotz der unterschiedlichen Sichtweisen und daraus resultierender Konflikte gut. Wir arrangierten uns und wuchsen weiter, unsere Kunden und Projekte wurden größer. Im Jahr nach unserem Start kam meine erste Tochter zur Welt, drei Jahre darauf ihre Schwester. Mein Geschäftspartner mäkelte: »Wieso bekommst du ausgerechnet jetzt ein Kind? Wir wollten doch erst die Firma hochziehen.« Ich schüttelte zwar den Kopf über solches Denken, zog mir insgeheim aber doch den Vorwurf an und steigerte den Druck auf mich weiter.

Ich drohte zwischen der Firma und dem Wunsch nach mehr Familienleben zerrieben zu werden

Wenn ich mit meiner Familie zusammen war, beschäftigte sich mindestens die eine Hälfte meines Kopfes mit Geschäftlichem. Quality time sieht anders aus, denn wirklich präsent war ich die wenigste Zeit. Wie es sich für einen Unternehmer »gehört«, war ich selbst und ständig im Einsatz. Bei Netzwerk-, Kunden- oder Branchenveranstaltungen, zu denen wir des Öfteren eingeladen waren, war ich zumeist das Gesicht nach außen. Auch am Wochenende war ich viel in Sachen Firma unterwegs.

Um etwas Zeit mit der Familie zu haben und meinem Anspruch

als Familienvater gerecht zu werden, war ich an manchen Tagen später im Büro. Vorher hatte ich häufig allerdings schon zwei, drei Stunden lang Kundenkontakte und Projekte vor- oder nachbereitet, in sozialen Netzen neue Kontakte geknüpft oder E-Mails beantwortet. Mir war bewusst, was ich leistete. Aber ich befand mich in dem Dilemma, dass viele meiner Tätigkeiten nicht als Arbeit angesehen und entsprechend gewertet wurden. Mir war bewusst, dass ich TINA abschütteln wollte. Ich wollte sehen, wie meine Kleine die ersten Schritte machte. Oder im Kindergarten den »Sterntaler« aufführte. Und dabei sein, wenn ihre große Schwester stolz und mit großen Augen die selbstgebastelte Laterne durch die Straßen führte. Ich wollte die Firma *und* meine Töchter wachsen sehen.

Das schlechte Gewissen war mein Dauerbegleiter

Was dann kam, werden manche Leser kennen: Weil ich trotz aller Mühen das Gefühl hatte, niemandem gerecht werden zu können, fühlte ich mich zunehmend schlechter. Links von mir mahnte die Firma unablässig: Denk an mich. Rechts von mir glaubte ich den Mahnruf meiner Familie zu hören: Sei für uns da. Für mich selbst nahm ich mir dabei am allerwenigsten Zeit.

Unglücklich wird man, wenn die Erwartungen vom Leben und die Wirklichkeit auseinanderfallen. Dann kann man entweder seine Erwartungen herunterschrauben oder versuchen, die Wirklichkeit zu verändern. Hätte es nicht immer wieder Menschen gegeben, die den Weg des größeren Widerstandes gegangen wären, säßen wir heute vermutlich immer noch auf den Bäumen.

Im Sommer 2010 wurde bei meinem Vater eine schwere Krankheit diagnostiziert, und es begann ein monatelanges Sterben. Das vertiefte meine Sinnkrise. Ich sagte mir: Das Leben kann ganz schnell vorbei sein. Was nutzt es dir, viel Geld verdient zu haben, wenn dein Kontingent an Zeit von einem Tag auf den anderen abgelaufen ist? Die Grenzerfahrung mit meinem sterbenden Vater beschäftigte mich sehr. Ich weiß, so geht es vielen Menschen, die ihre Eltern oder Freunde verlieren: Es gibt viele Fragen, aber kaum Antworten. Bis zu dieser Zeit hatte ich schon einige Beerdigungen erlebt, durchaus von Menschen meines Jahrgangs. Fast alle waren im selben Alter, Herzfehler, Autounfall, Selbstmord. Als sich dann noch ein guter Freund das Leben nahm, fragte ich mich: Welchen Sinn hat es, sich vor dem Tod vom Leben kaputt machen zu lassen? Warum tue ich das, was ich doch gar nicht tun will?

Die Krise, in der ich mich befand, setzte einen inneren Prozess in Gang. Meine Sicht auf schwierige Situationen hat sich geweitet. So schlimm all die Erfahrungen waren: Ich persönlich bin daran gewachsen.

Es ist nicht so, dass man eines Tages aufwacht und alles ist auf einen Schlag anders. Ich mochte es sehr, Vater zu sein. Ich mochte meine Aufgaben in meinem Job. Ich hatte es alles genau so ausgesucht. Ich hatte dennoch das Gefühl, dass die äußeren Strukturen mich davon abhielten, das Leben zu genießen. Ich brauche meine Freiheiten, um dann in *meinen* produktiven Phasen Höchstleistungen bringen zu können.

2012, fünf Jahre nach der Gründung, schlossen wir uns mit einer anderen Agentur zusammen. Nun waren wir vier Gesellschafter, dazu ein Dutzend feste und freie Mitarbeiter. Der Zusammenschluss und das damit einhergegangene Wachstum erhöhten zweifellos den Druck, für ordentliche Geschäftsergebnisse sorgen zu müssen.

Und so schlich sich TINA wieder hinein. Früher hatte ich zahlreiche Hobbys, Musik produzieren, Gitarre spielen, Fotografieren. Dafür hatte ich mir schon lange keine Zeit mehr genommen. Meine Töchter sah ich weniger, als ich es eigentlich wollte, und wenn ich bei ihnen war, teilte ich noch immer meinen Kopf zwischen ihnen und der Arbeit und hatte die unausgesprochenen Vorwürfe meiner Mitgesellschafter im Ohr: »Und was ist mit dem Geschäft?«

Irgendwann war das Maß voll

Mental und physisch ging es mir immer schlechter. Auf der einen Seite die zunehmenden Konflikte mit meinen Partnern, auf der anderen Seite die Widersprüche in mir selbst. Einerseits wollte ich ein liebevoller und präsenter Vater sein, andererseits ein erfolgreicher Unternehmer. Und das im Einklang mit meinen Werten und meinen persönlichen Bedürfnissen, die ich auch nicht komplett unter den Tisch fallen lassen wollte. Und das passte nicht zusammen, jedenfalls nicht in der Intensität, die zu mir gepasst hätte. Oder auch nicht mit den Menschen, mit denen ich zusammengearbeitet habe. Das alles war mir aber lange nicht klar. Ich wusste nur: Irgendetwas reibt in mir, an mir, reibt mich auf.

Statt von Work-Life-Balance sollten wir lieber von Work-Life-Schizophrenie sprechen. Denn bei vielen Arbeitnehmern sind heute Arbeit und Privatleben untrennbar ineinander verwoben. Wir können eine Work-Life-Balance anstreben, aber schon reichen würde ein gesundes Work-Life-Blending. Klar: Nicht alle können den Job

machen, den sie machen wollen. Aber man kann danach streben. Auf seine Weise und nach seinem Rhythmus.

Damals dachte ich viel an meine Zeit in Australien. Den meisten Menschen dort gelingt es, Beruf und Privatleben miteinander in Einklang zu bringen. Niemand wird daran gehindert, abends noch eine Stunde am Rechner zu sitzen und dafür tagsüber mit den Kids an den Strand zu gehen. Wann die Arbeit gemacht wird, ist völlig egal. Hauptsache, sie wird erledigt. Noch besser: Möglichst gut erledigt. »Hey«, sagte ich zu meinen Partnern, »es ist doch gleichgültig, an welchem Wochentag oder zu welcher Uhrzeit ich meine 40 Stunden in der Woche arbeite – so lange die Kunden zufrieden sind und der Umsatz stimmt.«

Als Unternehmer weiß ich heute: Wenn wir es schaffen, unsere Mitarbeiter zufrieden und glücklich arbeiten zu lassen, ohne dass sie Defizite im Privatleben beklagen, dann machen sie auch einen besseren Job. Wie Richard Branson, Gründer der Virgin Group, einmal gesagt hat: »Happy employees give you happy customers.« Eigentlich ist das banal. Aber für viele ist dieser Satz ein Augenöffner. Ich bin überzeugt davon, dass Menschen intrinsisch motiviert einen hervorragenden Job machen möchten. Steve Jobs hat das ebenfalls verstanden. Er sagte über sein Unternehmen Apple: »We don't hire smart people to tell them what to do. We hire them to tell us what to do.« Worte wie diese lassen mich hoffen, dass eines Tages auch bei uns die Arbeit nicht mehr vom Geist der protestantischen Ethik bestimmt werden wird.

Warum ist die Work-Life-Balance eigentlich alleinige Sache von Mitarbeitern?

Meine Frau und ich haben uns nach Kräften bemüht, unsere Work-Life-Balance in Einklang zu bringen. Jahrelang habe ich nach Auswegen gesucht und mir Schlupflöcher gegraben, um nach meinem eigenen Rhythmus arbeiten zu können. Im Betrieb war ich es ständig, der etwas verändern wollte. Unter anderem habe ich das Thema »betriebliches Gesundheitsmanagement« vorangetrieben – vielleicht mit der heimlichen Hoffnung, selbst eine bessere Work-Life-Balance hinzubekommen?

Ich mache mir nichts vor: In meiner ersten Unternehmerphase bin ich zwar nicht mit dem Geschäft, aber mit meinen widerstreitenden Lebenszielen gescheitert. Das ist zwar in diesem Land total negativ belegt, aber ich finde, dass Scheitern auch etwas Gutes hat, weil man danach besser mit der Sache umgeht. Man muss sich nicht dafür schämen, dass man in Krisen gerät und sie durchsteht.

In einem streng nach betriebswirtschaftlichen Regeln geführten Umfeld wird es nicht gelingen, eigene, davon abweichende Werte umzusetzen. Wenn Geschäftspartner oder Vorgesetzte ein völlig anderes Rollen-, Führungs- und Arbeitsverständnis haben als du selbst, dann musst du gehen. Oder du wirst irgendwann so werden und so handeln wie sie.

Im Sommer 2017 habe ich mich mit meinen Partnern verständigt, dass ich aus der Firma aussteige. Die offizielle Begründung hieß: Unterschiedliche Sichtweisen über die strategische Zukunft des

Unternehmens. Und irgendwie stimmte das ja auch. Ich wollte, dass in meiner Firma anders gearbeitet wird, als es heute noch üblich ist. Locker, frei, selbstbestimmt, ohne Stress, der von den anderen in uns hineingesenkt wird. Mit einem Einkommen, das ein Auskommen ermöglichte, ohne dass man dafür seine privaten Interessen zurückstellen muss.

Gescheitert? Ja.
Am Boden? Nein.

In dieser Zeit habe ich mich einige Male gefragt, ob ich beruflich gescheitert wäre. Und habe mir die Antwort gegeben: Nein. Wenn ich gescheitert bin, dann an den unmöglich zu erfüllenden Anforderungen, die Beruf und Familie und ich selbst als Mensch an mich stellen. Das ist wie mit dem zu kleinen Tuch, mit dem man einen Tisch nicht vollständig überdecken kann. Es geht einfach nicht.

Als klar war, dass ich die Agentur verlassen werde, sprachen mich die damaligen Eigentümer meiner jetzigen Firma auf eine eventuelle Übernahme an – eine Agentur in Bielefeld mit zehn, elf Mitarbeitern. Der Vorschlag verlieh meiner Idee, meine Werte auch bei der Arbeit zu leben und die Mitarbeiter daran Teil haben zu lassen, endlich tragfähige Flügel. Als Alleineigentümer würde ich keine Bremser haben. Müsste keine Totschlagargumente kontern wie: »Das tut man nicht«. Müsste mich nicht zwischen mehr Geld und mehr Zeit entscheiden. Könnte meinen eigenen Weg einschlagen und würde, mal sehen, bei meinen Mitarbeitern vielleicht sogar offene Türen einrennen. Das war mir das Liebste. Ich bin ein Teammensch und möchte, dass es meinem Umfeld gutgeht. Und ich habe oft gesehen, dass es Menschen in einem toxischen Umfeld nicht gutgeht und dass sie dort nicht arbeiten und glücklich sein können.

Ich erwarb die Firma. Und ich nahm mir vor, sie im darauffolgenden Jahr nach meinen Vorstellungen umzumodeln. Nämlich die Arbeitszeit so zu verringern, dass die Mitarbeiter und ich mehr Zeit für uns selbst hatten. Ohne dass die lästige TINA dabei auch nur ein einziges Wörtchen mitreden sollte, denn ich wollte die vereinbarten Gehälter unverändert lassen. Arbeitszeitverkürzung *mit* Lohnausgleich ist nichts Neues: Man arbeitet weniger und bekommt dafür weniger Geld. Mir ging es um Arbeitszeitverkürzung *ohne* Lohnausgleich. Meine Mitarbeiter und ich sollten zwar weniger arbeiten – aber nicht weniger verdienen. Wie das gehen sollte? Dank unserer höheren Motivation und Produktivität. Da musste doch etwas für uns alle herauszuholen sein.

Von der Vision zur Strategie und weiter zur Vision 2.0: Was Sie in diesem Buch erwartet

Intensiv setzte ich mich mit Themen wie Arbeitszeit, Produktivität, Mitarbeiterzufriedenheit, Work-Life-Balance und Motivation auseinander. Ich las über Henry Ford, der 1914 in seinem Werk den Acht-Stunden-Tag einführte und das damit begründete, dass er den Mitarbeitern genug Geld geben wollte, damit sie sich seine Autos leisten können, und genug Freizeit, um damit auch reisen zu können. Oder über den »HP Way«, der den Code of Conduct von Hewlett & Packard beschreibt. Ich informierte mich über die »4-Hour-Workweek« von Tim Ferris, studierte Untersuchungen aus Skandinavien und anderen Ländern und beschäftigte mich mit der New Work-Bewegung, bei der mich am meisten freute, dass dort Menschen philosophische Fragen stellten, die sich für mich direkt »richtig« und normal anfühlten.

Das Thema hatte mich gepackt wie kaum ein anderes zuvor. Mal setzte ich mir die Arbeitgeberbrille auf und verschlang Bücher und Aufsätze über agile Arbeitsweisen, zeitgemäße Führung und das, was unter dem Label »New Work« seit einigen Jahren Furore macht. Mal war ich ganz auf der Mitarbeiterseite, studierte empirische Untersuchungen über die Art und Weise, wie sie arbeiten wollten, und klickte mich durch Blogs, in denen die Enttäuschung darüber vorherrschte, dass sich kein Arbeitgeber hierfür interessiere. Nächtelang diskutierte ich mit Freunden, was für uns »ideale« Arbeitsformen wären und wie unser Wohlstand würde gerechter verteilt werden können. Dabei stieß ich unter anderen auf den Franzosen Paul Lafargue, der schon vor mehr als hundert Jahren genauso gedacht hatte wie ich, und auf zeitgenössische Wohlstandsforscher, die dabei sind, seine Vorschläge zur Arbeitszeitverkürzung auf Plausibilität und Durchführbarkeit zu prüfen. Was ich dabei über unsere Arbeit gestern, heute und in der Zukunft herausgefunden habe, habe ich in *Kapitel 2* zusammengefasst.

Man kann sich nicht mit den Erscheinungsformen der Arbeit beschäftigen, ohne die Menschen mit einzubeziehen, die Arbeit leisten. Als frischgebackener Alleinunternehmer fand ich das Thema natürlich schon deshalb spannend, weil mir klar war, dass mein Geschäftserfolg in ganz erheblichem Maße von dem Engagement und dem Leistungswillen meiner Mitarbeiter abhängen würde. Beides folgt nach meiner festen Überzeugung aus der Zufriedenheit mit der Arbeit, inhaltlich und mit deren Rahmenbedingungen wie zum Beispiel der Arbeitszeit. Denn immer wieder habe ich bei Freunden und Bekannten und nicht zuletzt bei mir selbst erlebt, wie die anfängliche Begeisterung für einen Job im Dauerfeuer von Überlastung, mangelnder Wertschätzung und keine Zeit für gar nichts mehr in ein erbarmungswürdiges Flämmchen aus Pflichtgefühl, Anstand und unablässiger Eigenmotivation zusammenfallen kann.

Daher suchte ich nach belastbaren Hinweisen, wie Menschen in meinem Alter, die sogenannte Generation Y, und die noch jüngeren der Generation Z arbeiten *wollen*. Aus gutem Grund: Wie in den meisten Unternehmen, die digital unterwegs sind, waren auch meine neuen Mitarbeiter ausnahmslos Twens oder Thirty Somethings. Bevor ich ihnen mit einem neuen Arbeitszeitmodell kam, wollte ich mehr über die Zwänge, Wünsche und Bedürfnisse dieser Generation erfahren. Immerhin war es ja denkbar, dass ich mit meinen Sehnsüchten allein auf weiter Flur stand. Schnell fand ich aber heraus, dass ich alles andere als ein Solitär war. Tatsächlich geht es den meisten jungen Menschen ganz genauso wie mir. Was das ist, habe ich in *Kapitel 3* aufgeschrieben.

Im Sommer 2017 war ich topfit in meinem Thema – theoretisch. Was fehlte, war der Praxistest, und den konnte ich mit meiner eigenen Agentur durchführen. Ob die Digitalisierung nämlich tatsächlich möglich machte, was sie uns von allen Seiten zurief: Weniger arbeiten zu müssen, ohne wirtschaftliche Einbußen erleiden zu müssen. Wie wir den Fünf-Stundentag bei Rheingans Digital Enabler eingeführt haben, wie wir uns organisiert haben und in welchen Phasen unser Experiment verlaufen ist, beschreibe ich in *Kapitel 4*. Welche Lehren nun, nach fast zwei Jahren, daraus zu ziehen sind, folgt in *Kapitel 5*. In *Kapitel 6* werfe ich den Blick auf andere Länder. Und zum Abschluss stelle ich in *Kapitel 7* meine Ideen für die Zukunft vor.

Warum ich dieses Buch geschrieben habe und was ich damit erreichen will

Mit diesem Buch möchte ich allen Unternehmern Mut machen, mit mir zusammen TINA ein Schnippchen zu schlagen. Befreien Sie sich selbst und ihre Mitarbeiter von der schwierigen Entscheidung zwischen »mehr Zeit« und »mehr Geld« haben, in dem Sie sich und ihnen mehr Zeit für das Privatleben geben und die Arbeitszeit verkürzen, *ohne* die Löhne und Gehälter entsprechend anzupassen.

Natürlich höre ich jetzt Ihren Aufschrei: »Was das kostet!« Dem setze ich ein einziges Wort entgegen: Nichts. Unter den Bedingungen, die wir bei uns vereinbart haben und die ich detailliert in Kapitel 4 beschreibe, kostet Sie ein um drei Stunden verkürzter Arbeitstag unter dem Strich nicht einen einzigen Cent. Denn der verkürzte Arbeitstag trägt dank der höheren Motivation und Produktivität der Mitarbeiter seinen Gewinn in sich. Ich werde es Ihnen Stück für Stück vorrechnen.

Und wenn Sie es dann immer noch nicht glauben können, dann besuchen Sie uns doch einmal in Bielefeld. Erleben Sie, wie meine Mitarbeiter und ich in 25 Wochenstunden so viel leisten wie andere Teams in einer 40-Stunden-Woche. Aber seien Sie darauf gefasst, dass wir während der Arbeit nicht viel mit Ihnen sprechen werden. Wir arbeiten gerne und intensiv für unsere Kunden, und nach der Arbeit leben wir gerne und intensiv für unsere Familien und Freunde. Kommen Sie also am besten nach der Arbeit. Oder, als ein Freund von uns, zum von uns selbstgekochten Mittagessen. Fühlen Sie sich herzlich eingeladen!

Ich will mit diesem Buch einem neuen Arbeitszeitmodell zum Durchbruch verhelfen. Darüber hinaus will ich dem Leser aber auch Mut machen, sich seinen persönlichen Krisen zu stellen. Sonst versteht man nämlich nicht die Lehren, die diese Krise uns mitgeben möchte. Und nur wenn man Lehren zieht, entsteht wirklich Neues.

Kapitel 2

Unsere Arbeit

Was sie war. Was sie ist. Und was sie bald sein wird.

Im Herbst 2014 fand ich, dass es an der Zeit war, meine Vorstellung von einem ausgeglichenen Arbeits- und Privatleben in die Tat umzusetzen. Ohne vorherigen Hinweis ging ich in das Büro meiner Geschäftspartner und kündigte ihnen an: »Ab sofort nehme ich mir zwei Nachmittage in der Woche frei.«

Die Reaktion: Verblüffung, Verwirrung, Bestürzung. Erst fiel kein Wort. Dafür sprach die auf den Mienen erkennbare Ablehnung Bände: »Spinnt der? Was soll das? Ist Lasse jetzt völlig übergeschnappt?«

Wie für die meisten in der alten, das heißt vordigitalen, Zeit sozialisierten Menschen war Arbeit für meine Partner offenbar definiert als die Zeit, die man am Arbeitsplatz verbringt – im Büro, in der Werkshalle, im Studio, an der Kasse im Supermarkt, im Hörsaal, am Lenkrad, auf dem Gabelstapler. Besonders als Chef, der ja allen demonstrieren muss: Hier wird immer hart gearbeitet. Ein Signal mit schlimmen Folgen für die Mitarbeiter – und Auswirkungen auf »den Wind auf den Fluren«. Klar: Es heißt »*Arbeits*platz«, weil man dort einer bezahlten Tätigkeit nachgeht. Es heißt aber auch deshalb »Arbeits*platz*«, weil wir dort selten allein sind. Andere Menschen können sehen, ob, was und wie wir arbeiten. Ein Arbeitsplatz mag zwar nicht jedem zugänglich sein, aber Chefs und Kollegen allemal. Für sie wird die Arbeit am Arbeitsplatz sichtbar. WYSIWYG, kürzen die Amerikaner ab: *What you see is what you get.*

Am Arbeitsplatz *zu sein* und seine Arbeit *zu tun* sind zwei verschiedene Dinge

Das ist allerdings ein fataler Fehlschluss. Die am Arbeitsplatz verbrachte *Zeit* und die während dieser Zeit erbrachte *Leistung* sind mitnichten ein und dasselbe. Denn es gibt, wie jeder Vorgesetzte und Kollege eines notorischen Drückebergers bestätigen kann, gar keinen Kausalzusammenhang zwischen Zeitaufwand und Leistung. Der ist allenfalls unter Zwang herzustellen, zum Beispiel beim Bau der Pyramiden, an den Rudern römischer Galeeren oder in den englischen Kohlegruben zu Zeiten von Queen Victoria. Ohne Sorge um Leib und Leben arbeiten Menschen nach ihrem eigenen Rhythmus. Der eine schafft in acht Stunden so viel Arbeit weg wie ein anderer nicht mal in zwölf Stunden gebacken bekäme. Und was mancher an einem ganzen Arbeitstag leistet, haut der Kollege in Überschallgeschwindigkeit in der letzten halben Stunde vor Dienstschluss weg. In der Arbeitszeit davor pflegen er oder sie das Bürogrünzeug und den kollegialen Austausch. Unterm Strich bringen beide dasselbe.

Wer Arbeitszeit mit Arbeitsleistung in einen kausalen Zusammenhang stellt, geht einer Scheinkorrelation auf dem Leim. Selbst in der Physik ist Arbeit nicht gleich Zeit, sondern das Produkt aus Kraft mal Weg. Und mit welcher Kraft wir an eine Aufgabe herangehen und welche Wege wir dafür gehen, entscheiden wir ganz allein – wenn wir das dürfen.

Ein wiederholt beobachtetes Zusammentreffen des Ereignisses A »Der Mitarbeiter ist im Büro« mit dem Ereignis B »Er hat Leistung erbracht« bietet zwar grundsätzlich Anlass für die Vermutung, dass zwischen diesen Ereignissen ein Zusammenhang bestehen könnte. Aber welcher? In Europa gibt es immer weniger Störche. Und gleichzeitig sinkt in Europa die Geburtenrate. Ob also doch der Storch …?

Ohne kausalen Zusammenhang erfolgt eine Zuordnung von Ursache (Arbeitszeit) und Wirkung (Arbeitsleistung) willkürlich und birgt die Gefahr einer falschen Schlussfolgerung. Dann aber sind auch alle davon abgeleiteten Maßnahmen falsch. Wie zum Beispiel die Arbeitszeit zu erhöhen und darauf zu vertrauen, dass am Ende mehr Leistung dabei herauskommt. Oder, andersherum, die Arbeitszeit zu verkürzen und sich dafür innerlich seufzend mit weniger Output begnügen zu müssen. Beide Annahmen sind falsch, weil sie auf einer falschen Prämisse beruhen.

Leistung an Zeit und Ort zu binden, befriedigt nur das Kontrollbedürfnis der Chefs

Wer der Scheinkorrelation zwischen Arbeitszeit und Arbeitsleistung aufsitzt, neigt dazu, Leistung nur dann zu würdigen, wenn er bei deren Entstehung zusehen kann oder wenigstens theoretisch die Möglichkeit dazu hat. Er muss nicht am Nachbarschreibtisch sitzen oder durch eine große Glasscheibe pausenlos in Halle 7 hinunterspähen. Aber er will die Möglichkeit haben, dem Mitarbeiter bei der Arbeit über die Schulter schauen können. Bei dieser beschriebenen Würdigung von Arbeit gibt es heutzutage allerdings ein ganz neues Problem: Arbeit ist nicht mehr das, was sie mal war. Und der vermeintlich allwissende Chef von damals kann die Arbeit und die dazugehörigen Prozesse von heute nicht mehr wirklich bewerten.

Nebenbei: Der Glaube an die Zweieinigkeit von Arbeitszeit und Arbeitsleistung kommt dem Dominanzstreben mancher Zeitgenossen sehr entgegen. Wohl auch deshalb hält sich dieser Trugschluss wider besseres Wissen derart hartnäckig.

Bis zur (dem Arbeitgeber Raum- und Energiekosten sparenden und von der Motivationsforschung gestützten) Erfindung des Homeoffices stand jeder in der Beweispflicht, der behauptete, fern vom Arbeitsplatz der Arbeit nachzugehen. Denn der ebenso falsche Umkehrschluss lautet: Wer nicht am Arbeitsplatz ist, arbeitet nicht. Weshalb wohl auch meine Partner insgeheim argwöhnten, dass ich mir an zwei Nachmittagen einen schlanken Fuß machen wollte – auf ihre Kosten.

Eine gute halbe Stunde lang habe ich Argument an Argument gereiht, um ihr Misstrauen einzudämmen. Ich fiel mit der Tür ins Haus: »Es ist doch völlig egal, wo ich arbeite – solange das Ergebnis stimmt.« Stirnrunzeln, Kopfschütteln, zusammengezogene Augenbrauen. »Auch außerhalb der festgelegten Arbeitszeiten und an anderen Orten kann man wertvolle Arbeit erbringen.« Vorausgesetzt natürlich, man liebt seinen Beruf und hat den festen Willen, darin Höchstleistungen zu erbringen. Bei mir ist das der Fall. Meine Gegenüber schauten skeptisch. Sie sagten zwar, dass Arbeit überall stattfinden könnte. Aber ich glaube nicht, dass sie den Gedanken bis zur letzten Konsequenz teilten. Wohl treffender ist: Es passte ihnen einfach nicht, dass der Geschäftsführer Lasse Rheingans an Werktagen nicht am dafür vorgesehenen Werksort sein wollte. Vielleicht hatten wir auch ein Problem in der Beschreibung unserer jeweiligen Rollen und den daraus abzuleitenden Verantwortlichkeiten.

Also versuchte ich es andersherum. »Viele meiner Tätigkeiten für die Firma seht ihr gar nicht, weil ich abends und am Wochenende zu Hause arbeite.« Ich habe kein Problem damit, auch am Abend E-Mails zu lesen und zu beantworten und geschäftlich zu telefonieren. Und freitags stecke ich mir öfters einen Job in die Tasche, um ihn in Ruhe am Samstag oder Sonntag zu erledigen. Der Hinweis schien mir nötig. Denn wer nur die sichtbare Arbeit im Büro als Arbeit wertet, leidet unter einem blinden Fleck.

Schließlich wies ich auf meine Verantwortung als Vater und Ehemann hin. »Ich habe zwei Kinder und eine berufstätige Frau«, erklärte ich. »Die wollen mich nicht nur beim Frühstück und beim Abendessen sehen. Unter der Woche ist so manches für die Familie zu erledigen, das sich nicht auf das Wochenende verschieben lässt. Meiner Arbeit jedoch ist es völlig egal, wann sie gemacht wird. Ich arbeite gern in Ruhe am Abend.« Terminjobs und Kundenbesprechungen hätten in jedem Fall oberste Priorität, betonte ich Selbstverständliches. Aber: »Ich möchte diese beiden freien Nachmittage haben und sehe darin keinen Nachteil für das Unternehmen«, blieb ich hart und schloss mit meiner festen Überzeugung: »Es muss doch möglich sein, sowohl der Firma, meiner Familie als auch mir selbst gerecht zu werden.«

Ein Tabuthema: Auf das Dilemma zwischen Zeit und Geld aufmerksam zu machen, kostet Wohlwollen

Sehr zum Unverständnis meines Umfeldes. Ich bot an, auf einen Teil des Gehalts zu verzichten, obwohl ich viele meiner Aufgaben häufig sehr viel schneller und fokussierter lösen kann als andere und es von daher gar nicht nötig gewesen wäre. Darauf gingen meine Partner ein, denn das entsprach ihrer Logik: Wer weniger arbeitet, soll auch weniger verdienen. Trotzdem war ich ebenso überzeugt wie gewillt, auch bei einer geringeren Wochenarbeitszeit nicht weniger zu leisten als sie. Um das nachzuweisen, hielt ich verschiedene Arbeitseinsätze und messbare Ergebnisse schriftlich fest.

Schon nach wenigen Monaten konnte ich meinen Kompagnons schwarz auf weiß belegen, dass ich während meiner um zwei Nachmittage reduzierten und um Stunden am Abend und am Wochenende erweiterten Arbeitszeit die gleiche Leistung wie zuvor in fünf mal acht Stunden erbracht hatte. Daher verlangte ich im Januar 2015 die Rückkehr zu meinem ursprünglichen Einkommen. Nach kurzer Diskussion stimmten meine Partner zu. Und so sah ich mich in meiner Strategie bestätigt. Auch in der Folgezeit nahm ich konsequent an zwei Nachmittagen in der Woche frei. Bei vollem Gehalt, denn ich arbeitete die Zeit schließlich vor oder nach, je nachdem, wie es mir passte. Wenn an diesen Nachmittagen dringende Themen aufkamen, habe ich diese eben zu Hause oder unterwegs erledigt – genauso, wie ich es schon immer auch beim Acht- oder Zehn-Stunden-Tag gehandhabt habe. Ich liebe meinen Job und lasse meine Kunden oder mein Team nicht hängen.

Arbeit heute verlangt von den Menschen viel mehr als früher

Auf 40 Wochenstunden kam ich aus meiner Sicht trotzdem nicht immer. Und das war auch gut so. Denn heute ist die Arbeit viel intensiver als früher, verlangt den ganzen Kopf, hundertprozentige Konzentration auf eine Sache und stetes am Ball Bleiben bei allen Facetten des Jobs. Ich behaupte daher: Ein solch konstant hohes Energielevel, wie die Arbeit heute von uns verlangt, ist für die meisten Menschen gar nicht mehr über volle acht Stunden durchzuhalten. Wobei jeder einzelne selbst entscheiden können sollte, wann er mit welcher Intensität an welche Aufgaben geht. Dann wird er nämlich auch mehr und Besseres leisten.

An manchen Stellen ist für mich auch die Abgrenzung zwischen »jetzt arbeite ich« und »jetzt gehe ich meinen persönlichen Interessen nach« nicht besonders einfach. Ist der Besuch eines spannenden Vortrags oder eines Kongresses Arbeitszeit? Oder Persönlichkeitsentwicklung? Mein persönliches Umfeld würde meine Einschätzung, manchmal nicht auf 40 Stunden Arbeitszeit zu kommen, im Übrigen mit Sicherheit nicht teilen. Für sie bin ich ständig mit Arbeits- oder angrenzenden Themen beschäftigt – aber für mich war und ist nicht alles davon Arbeit, auch wenn es für manche so aussehen mag.

In meinem Fall habe ich meine Arbeit in den Momenten erledigt, in denen ich wusste, dass ich hochkonzentriert zu Ergebnissen kommen würde. Die Vormittage waren hervorragend dafür geeignet, sofern ich gut strukturiert und vorbereitet war. Falls etwas untergegangen war, habe ich es am Abend oder am Wochenende nachgeholt. Auf diese Weise holte ich mehr Zeit für mich und meine Familie heraus für den dringend benötigten Ausgleich.

Der Gedanke, der mich seit damals nicht mehr los lässt, entspringt also meiner eigenen Erfahrung. Was ein Unternehmer kann, sollte auch den Mitarbeitern möglich sein: die gleiche Leistung in kürzerer, aber intensiver genutzter Arbeitszeit und bei gleicher Bezahlung zu erbringen. War ich womöglich als Erster auf die Idee gekommen? Das konnte doch nicht sein. Daher begann ich vor etwa vier Jahren, mich intensiv mit dem Thema »Arbeit« zu beschäftigen. Selbstverständlich zu Zeiten, in der meine Konzentration keinen beruflichen Aufgaben galt.

Warum wir bei »Arbeit« immer »Zeit« mitdenken

Wer über Arbeit spricht, muss wissen, wie sie sich entwickelt hat. Arbeit als Gegenleistung für den Lebensunterhalt war lange Zeit das, was die gesellschaftlichen Klassen scharf voneinander trennte. Weder die freien Bürger im antiken Athen noch die Ritter im Mittelalter oder die Adeligen im Barock wären auch nur auf die

Idee gekommen, einer Tätigkeit nachzugehen, die nicht zu ihrem Vergnügen gereicht hätte. Arbeit, ob gefährlich, mühevoll oder nur langweilig, wurde von Sklaven, Bauern und Tagelöhnern geleistet – von denen, die es sich nicht anders aussuchen konnten.

Wenn ich die Geschichte der Arbeit seit Beginn der Neuzeit Revue passieren lasse, dann fällt vor allem eines auf: Die Geschwindigkeit, mit der eine bestimmte Arbeitsleistung erbracht werden kann, hat enorm zugenommen. In der Antike und im Mittelalter schuftete die Mehrheit der Bevölkerung meist nur für ihren Lebensunterhalt in der Landwirtschaft, in den Manufakturen, im Heer und in den herrschaftlichen Häusern. Die Jahreszeiten und Handelssaisons gaben den Takt und die Intensität der Arbeit vor. Über Jahrtausende blieb der Output je Zeiteinheit auf mehr oder weniger demselben kläglichen Niveau. Nur die Soldaten mordeten immer effizienter.

Der Durchbruch kam im 18. Jahrhundert, als die Errungenschaften der Naturwissenschaften ungeheure Energien freisetzten. Die sich anschließende Industrialisierung ließ die Produktivität weiter und in atemberaubendem Tempo nach oben schnellen. Das Jahr 1776 ragt nicht allein wegen der amerikanischen Unabhängigkeitserklärung aus der Geschichte heraus, sondern weil just in diesem Jahr erstmals die von James Watt entwickelte Dampfmaschine zum industriellen Einsatz kam.

Die Arbeitsleistung an die Arbeitszeit zu koppeln, zeugt von einem Denkfehler

Von nun an konnte Tag und Nacht gearbeitet werden. Schichtarbeit diente vor allem dazu, die teuren Maschinen schneller abbezahlen zu können. Unternehmer, die genau hinsahen, merkten aber schon, dass die Gleichung: doppelte Arbeitszeit = doppelter

Output nicht ganz so wie erwartet aufging. Manche begonnene Tätigkeit musste von einem zum anderen Arbeiter übergeben und Maschinen für kurze Zeit abgeschaltet werden; dabei kam es zu Missverständnissen, Anlaufverlusten und Fehlern.

Bei der Vergütung der Arbeiter setzten die Unternehmer erst auf Stundenlohn, dann auf Akkordlohn, der aber stets an die Zeit gekoppelt war, nämlich an die Verrichtung einer bestimmten Arbeitsmenge innerhalb einer Zeiteinheit. Auf dem Höhepunkt der Industrialisierung in der Mitte des 19. Jahrhunderts war der Unterhaltslohn weitestgehend dem Leistungslohn gewichen. Immer aber wurde mit Geld die Zeit der Arbeiter gekauft. Allein für ein Leistungsversprechen zahlte niemand auch nur einen Heller.

Dank der beginnenden Elektrifizierung zündete Henry Ford 1908 die zweite Stufe der industriellen Revolution. Das Fließband bedeutete für die Arbeiter vor allem eines: Monotonie und noch mehr Schichtarbeit. Bei der Bezahlung setzten die Gewerkschaften immer öfter den von der geleisteten Stückzahl abgekoppelten Stundenlohn durch, versprach er den Arbeitern doch eine sichere Entlohnung unabhängig von der erbrachten Leistung.

Die Kopplung der Entlohnung mit der geleisteten Arbeits*zeit* statt mit der erbrachten Arbeits*leistung* ist eine Erfindung der industriellen Revolution im 18. Jahrhundert. Erst die Digitalisierung bietet die Chance, dass die Arbeitsleistung wieder zum Ausgangs- und Angelpunkt der Vergütung wird.

Nur etwas mehr als sechzig Jahre dauerte es bis zur dritten Stufe der Industrialisierung. Anfang der 1970er Jahre hielt die Mikroelektronik und mit ihr die ersten Computer Einzug in den Büros. Den Gewerkschaften ging es in dieser Zeit vor allem um die Durchsetzung des Acht-Stunden-Tags in Verbindung mit der Fünf-Tage-Woche. Für die Entlohnung der Arbeit war die am Arbeitsplatz verbrachte Zeit weiterhin wichtiger als die dort tatsächlich erbrachte Arbeitsleistung. Das galt sowohl für die Arbeiter in den Produktionshallen als auch für die Angestellten in der Verwaltung.

Neue Technologien setzen sich immer schneller durch

So selbstverständlich noch immer die Arbeitszeit und nicht die Arbeitsleistung bezahlt wurde, so rasant gelang es nun einer neuen Technologie nach der anderen, in immer kürzeren Abständen von der Erfindung zum Massenprodukt zu werden – definiert als Produkt, das 25 Prozent seines Marktpotenzials ausschöpft. Flugzeug und Telefon brauchten dafür mehr als fünfzig Jahre, und auch Radio und Fernsehen benötigten zwei bis drei Jahrzehnte. Der PC schaffte es in 14 Jahren, das Internet in sieben und das iPhone in weniger als drei Jahren.

Während das Fließband die Massenproduktion auch dieser Geräte ermöglichte, sorgten computergesteuerte Maschinen und Personal Computer in den Büros für einen dramatischen Anstieg der Produktivität: In derselben Arbeitszeit konnten die Menschen dank technischer Unterstützung mehr als bisher leisten. Davon profitierten sowohl die Unternehmen als auch die Beschäftigten.

Schon Henry Ford hatte seine Arbeiter für damalige Verhältnisse sehr gut bezahlt. Sein Hintergedanke war betriebswirtschaftlicher Natur: Die Arbeiter sollten sich die bei Ford gebauten Autos leisten können, und viele kauften sie auch. Ähnlich war es im Wirtschaftswunderdeutschland der 1950er und 1960er Jahre: Mit

Technologie	Zeit	Beschreibung
Flugzeuge	68 Jahre	Aktuelle Flugzeuge können mehr Passagiere transportieren und ihre Flugdauer ist länger
Telefon	50 Jahre	Telefone ermöglichten lokalen, nationalen oder internationalen Austausch für jeden
Radio	38 Jahre	Das erste auditive Massenmedium
TV	22 Jahre	Bewegtbild für alle
PC	14 Jahre	Der PC wurde nicht nur massentauglich, sondern auch immer mobiler
Internet	7 Jahre	Das Internet vernetzt die Welt und ermöglicht weltweite Kommunikation zwischen allen Menschen
iPod	3 Jahre	Der iPod revolutioniert die Musikbranche
iPhone	2.75 Jahre	Das iPhone verbindet iPod, Telefonie und Apps und revolutioniert so das tragbare Computing
Facebook	2 Jahre	Facebook ist mit über 1,8 Milliarden Nutzern der populärste Social-Media-Kanal der Welt
Twitter	9 Monate	Twitter ist die drittbeliebteste Seite und ermöglicht es, Kurznachrichten in die Welt zu setzen
Angry Birds	35 Tage	Angry Birds ist wegen der süchtig-machenden Spielart, des Comic-Stils und des niedrigen Preises weltweit erfolgreich
Pokémon Go	19 Tage	Pokemon go ist so beliebt, da es den Spieler wie kein anderes Spiel in seine Welt eintauchen lässt

Quelle: Angelehnt an Steve Anderson, 2017

Zeit, die neue Technologien bis zur Marktdurchdringung (25 Prozent) benötigten dem technischen Fortschritt kletterten auch die Löhne und Gehälter, so dass sich die Kaufkraft in Nachfrage und die Nachfrage in weiteres Wirtschaftswachstum verwandelte.

Vom enormen Produktivitätszuwachs in den Jahrzehnten seit 1980, der vor allem der Digitalisierung zu verdanken war, haben die Arbeitnehmer dagegen kaum etwas gesehen. Zwischen 1980 und 2006 ist die Produktivität in Deutschland nach Angaben des Deutschen Instituts für Wirtschaftsforschung (DIW) um kräftige 79 Prozent gestiegen. Doch die Reallöhne stiegen bis auf die letzten Jahre nur minimal. Das wachsende Arbeitskräftepotenzial reichte aus, um gewerkschaftliche Forderungen nach deutlichen Lohnzuwächsen abzuwehren. Stattdessen verwendete man die steigende Produktivität in den klassischen Industrien für den Abbau von Arbeitsplätzen und erfand darüber hinaus eine ganz neue Welt voller digitaler Waren und Dienstleistungen.

Entwicklung der realen Stundenproduktivität von 1950 bis 2010
(in Internationalen US-Dollar nach Geary-Khamis)

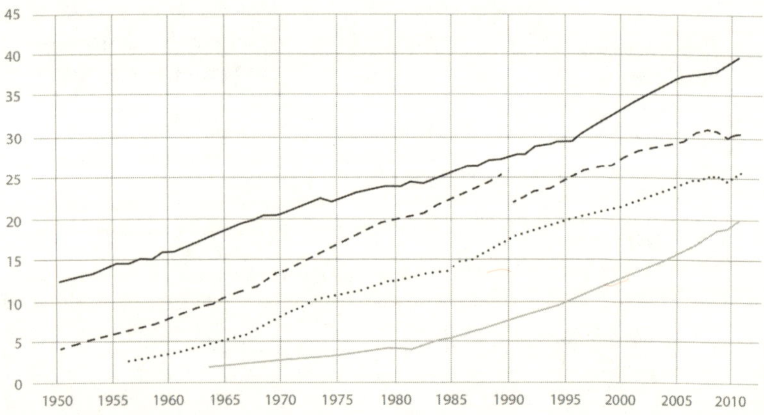

Produktivitätszuwächse USA–D–Asien

Quelle: The Conference Board

Entwicklung der realen Stundenproduktivität von 1950 bis 2010
(in Internationalen US-Dollar nach Geary-Khamis)

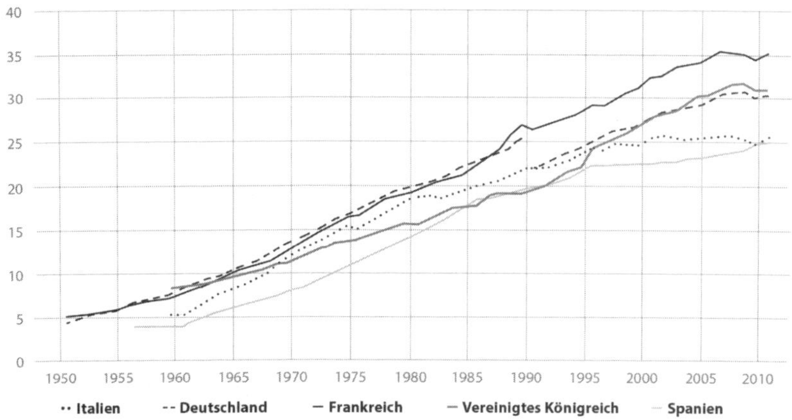

Produktivitätszuwächse in Europa

Quelle: The Conference Board

Die Sicherheit, die eine Bezahlung nach Arbeitszeit mit sich brachte, ist nur eine vermeintliche. Und sie verbaut die Chancen, die in einer Vergütung nach Leistung stecken.

Die Kommunikation wird mobil

Die Durchschlagskraft der Digitalisierung beruht auf der Entwicklung von immer kleineren und leistungsfähigeren Prozessoren und Speichereinheiten. Es ist kaum noch vorstellbar, dass die ersten Computer den Platz einer Turnhalle benötigten. Ich selbst erinnere mich bei den Rechnern der 1980er Jahre noch an blinkende Balken (und bei meinem ersten Commodore 64 an piepende Datasetten), die quälend langsam anzeigten, wie lange ein Rechenprozess noch dauern würde, der heute binnen Bruchteilen von Sekunden erledigt ist. Von der gewaltigen Rechenleistung, die heute jeder von uns mit seinem Smartphone mit sich führt, konnten die Ingenieure und Astronauten der NASA zur Zeit der Mondlandung im Juli 1969 auf jeden Fall nur träumen.

Wer sich alte Filme ansieht, kann sich ein Schmunzeln nicht verkneifen, wenn der Hauptdarsteller aus einer Telefonzelle anruft. Wobei mobile Kommunikation sehr viel älter ist als ich selbst. Aber die frühen Mobiltelefone waren viel zu groß, um sie irgendwohin mitzunehmen. Und auch mit dem Telefon konnte man sich lange Zeit nur so weit bewegen, wie es die Länge der Telefonschnur zuließ. Als Mitte der 1980er Jahre die ersten tragbaren Telefone auf den Markt kamen, waren sie so groß wie Schuhkartons und äußerst unhandlich in der Bedienung. Es sollte nur wenige Jahre dauern, bis sie bequem in jede Jackentasche passten und damit zu einem ständigen Begleiter wurden. Waren die ersten Mobiltelefone noch echte Statussymbole technisch aufgeschlossener Geschäftsleute, so kann sich heute so gut wie jeder ein solches Gerät leisten.

Hätte mir jemand 2007, als das erste iPhone auf den Markt kam, vorhergesagt, was sich dadurch alles ändern wird, hätte ich es selbst wahrscheinlich nicht glauben können. Und das, obwohl ich schon Jahre vorher »smarte Telefone« besessen habe. Mit den verschiedenen Apps leisten aktuelle Smartphones heute Dinge, für die man früher eine Vielzahl unterschiedlichster Geräte benötigte: Kamera, Navigationsgerät, Wecker, Kompass, Taschenlampe, Stoppuhr, Diktiergerät, Walkman, Taschenrechner und vieles andere mehr, mit dem übrigens eine ganze Menge neuer Geschäftsmodelle einhergeht. Wenn wir aber einmal von konkreten Anwendungen zu einem größeren Ganzen blicken: Ganze Branchen und Verhaltensweisen wurden durch erst Mobiltelefone, später Tablets, erschüttert oder neu erfunden!

Die Entwicklung vom »Schleppable« zum Smartphone zeigt, wie Unternehmen mit innovativen Lösungen in kürzester Zeit in bestehende Märkte einbrechen und neue Märkte schaffen können. Dazu brauchen sie vor allem kreative und motivierte Mitarbeiter. Und die wollen mehr Zeit für sich.

Die beiden folgenschwersten Erfindungen im Zuge der Digitalisierung sind zweifellos der Computer und das Mobiltelefon. Die beiden häufigsten Anwendungen sind das Internet und die E-Mail.

Ursprünglich war das Internet gedacht als dezentrales, ausfallsicheres Netzwerk des amerikanischen Verteidigungsministeriums für den Fall eines Atomkrieges mit den Russen. 1968, mitten im Kalten Krieg, entwickelten das Pentagon, die US-Luftwaffe und einige Universitäten das vernetzte Computing. Über das Arpanet, dem Vorläufer des heutigen Internets, wollten sie ihr Wissen teilen und gegenseitig absichern. Die Idee, über dieses Netzwerk Informationen und Nachrichten auszutauschen, lag dann sehr nahe. Ray Tomlinson versendete 1971 den ersten elektronischen Brief und wurde damit zum Erfinder der E-Mail.

Das Internet und seine Zugangsgeräte revolutionieren die Arbeitswelt

Wie sehr Internet, E-Mail und die auf der Digitalisierung basierenden Messaging-Dienste heute unsere Arbeits- und Privatwelt dominieren, lässt sich mit einem einfachen Gedankenspiel testen. Versuchen Sie mal, einen Tag lang auf Internet und Mailaustausch zu verzichten. Das gelingt vielen schon nicht an einem Sonn- oder Urlaubstag – und erst recht nicht während der Arbeit.

Die Vorteile liegen klar auf der Hand. Wissen und Informationen stehen heute in einem ungeahnten Ausmaß zur Verfügung. In kürzester Zeit umrunden sie den Planeten, werden von Millionen Menschen geteilt und weiterverbreitet. Ohne die Digitalisierung keine Globalisierung und kein intensiver wirtschaftlicher und kultureller Austausch. Wäre ich vor hundert Jahren nach Australien gegangen, dann hätte schon die Fahrt dorthin mehrere Wochen gedauert. Und der Kontakt mit Deutschland wäre nur über kurze Telegramme und Briefe möglich gewesen – die heute so belächelte »Schneckenpost«. Anno 2019 fliegt man an einem Tag dorthin, von London aus sogar ohne Zwischenstopp, und kann Freunde und Familie mittels E-Mail, SMS, WhatsApp, Instagram, Wechat und anderen Messaging-Diensten zu jeder Zeit auf dem Laufenden halten.

Die Kehrseite der Medaille ist natürlich ebenfalls längst offensichtlich: Alles muss heute schneller gehen. Nicht, weil wir dann sorgenloser oder glücklicher sind. Nein – weil es schneller möglich ist. Einsteins Erkenntnisse hin oder her: Zumindest in unserer Gefühlswelt scheint die Zeit doch eine feste Größe zu sein. Wir alle nutzen das wachsende Tempo, um darin so viele Aktivitäten wie möglich zu packen. Für den Menschen ist die Zeitverdichtung gleichzeitig Fluch und Segen. Denn er läuft Gefahr, mit der von der Technik ermöglichten Geschwindigkeit nicht mehr mitzukommen. Unser Ausweg: Wir machen die Dinge nicht mehr schneller, sondern wir machen mehr in der gleichen Zeit.

Wieso brauchen wir Arbeitsplätze, da wir doch den Computer ständig dabei haben?

Wo früher die Post einmal am Tag Neuigkeiten brachte, laufen jetzt die E-Mails im Sekundentakt ein. Die Arbeitsbelastung hat sich in fast allen Branchen für jeden einzelnen Mitarbeiter stark erhöht. Das wäre vielleicht noch kein Problem, wenn der Computer ein fest installierter Apparat geblieben wäre, den man gemeinsam mit dem Arbeitsplatz am Nachmittag oder Abend verlässt, wenn man nach Hause geht. Doch neben dem Telefon hat sich auch der Computer zum mitnehmbaren, zum mobilen Gerät weiterentwickelt. Das führt dazu, dass immer mehr Pendler schon auf dem Weg zur Arbeit E-Mails schreiben, Newsfeeds und Blogs im Internet lesen und von einer zur anderen Webseite surfen. Der Arbeitsplatz ist kein fester Ort mehr, sondern überall dort, wo man mit einem Laptop, Tablet oder Mobiltelefon arbeiten kann. Und so mancher erledigt Dinge, die tagsüber liegen geblieben sind, doch noch schnell am Abend.

Kein Mensch und auch kein Unternehmen kann die Geschwindigkeit der technologischen Entwicklung aufhalten. Aber jeder Unternehmer kann den Wandel in seinem Unternehmen so gestalten, dass der zunehmende Druck auf die Mitarbeiter abgefedert wird.

Mit der Mobilisierung der Datentechnik hat die Digitalisierung nicht nur die Arbeitswelt komplett verändert, sondern auch, wie oben schon erwähnt, völlig neue Geschäftsmodelle hervorgebracht. Denken Sie die Onlinehändler, deren »Auslagen« keine Wünsche offen lassen, denken Sie an Verkehrsmittel- und Reiseportale. Unternehmen müssen keinen einzigen Laden eröffnen und können trotzdem an Kunden auf der ganzen Welt verkaufen. Wer Zugang zu einem Computer und einem Internetanschluss hat, kann wiederum bei Unternehmen aus aller Welt Waren und Dienstleistungen ordern. Das hat die Konkurrenz enorm intensiviert und die Handelsströme gewaltig anschwellen lassen. Zugleich haben sich Internet-Vergleichsportale zu den am häufigsten aufgerufenen Websites entwickelt. Es versteht sich von selbst, dass der verschärfte Konkurrenzdruck, der auf den Unternehmen lastet, auch bei den Arbeitnehmern ankommt.

Die Trennung von Arbeits- und Privatleben hat sich längst aufgelöst

Wir alle sehen es in unserem Alltag: Die Digitalisierung macht auch vor unserem Privatleben nicht halt. Einerseits können wir rund um die Uhr einkaufen und mehr oder weniger nützliche Sachen über das Internet bestellen, statt viel Zeit mit der Suche in vielen verschiedenen Geschäften verbringen zu müssen. Andererseits kann diese enorme Angebotsbreite und -tiefe – allein bei Amazon stehen ständig mehr als 200 Millionen Produkte zur Verfügung – auch zur Belastung werden. Denn je mehr Möglichkeiten zur Auswahl stehen, desto schwieriger wird die Entscheidung. Das gilt auch für die Freizeit. Streaming-Dienste, Partnervermittler, Dating-Services, Wettanbieter, Buzz- und andere Newsfeeds sowie Onlinekasinos (um nur die wichtigsten Freizeitfüller zu nennen) verleiten uns dazu, immer mehr Zeit vor dem immer kleineren Bildschirm zu verbringen. Selbst beim Fernsehen läuft das Smartphone meist als »Second Screen« mit und wird für Produktsuchen, den Austausch mit Freunden oder beim Onlineshopping als Parallelwelt genutzt.

Vor allem aber hat die Digitalisierung dafür gesorgt, dass die klare Trennung zwischen Arbeitszeit und Privatleben aufgehoben ist. Was noch vor zwanzig Jahren selbstverständlich war, entspricht heute für immer mehr Menschen nicht mehr der Lebenswirklichkeit.

Die ständige Verfügbarkeit von Informationen und die permanente Erreichbarkeit von Führungskräften und deren Mitarbeitern über Smartphone, E-Mail und Messenger-Dienste führen dazu, dass sich Arbeit und Freizeit immer mehr miteinander vermischen. Die Grenzen verschwimmen. Wir sind »always on«. Da kann die Work-Life-Balance ganz schnell aus dem Ruder laufen,

Die Statistik zeigt die Anzahl der Krankheitstage (AU-Tage) je 1.000 AOK Mitglieder aufgrund des Burn-out-Syndroms in Deutschland nach Geschlecht in den Jahren 2004–2016. Im Jahr kamen durchschnittlich rund 75 Krankheitstage auf Tausend Mitglieder (ohne Rentner) aufgrund des Burn-out-Syndroms.

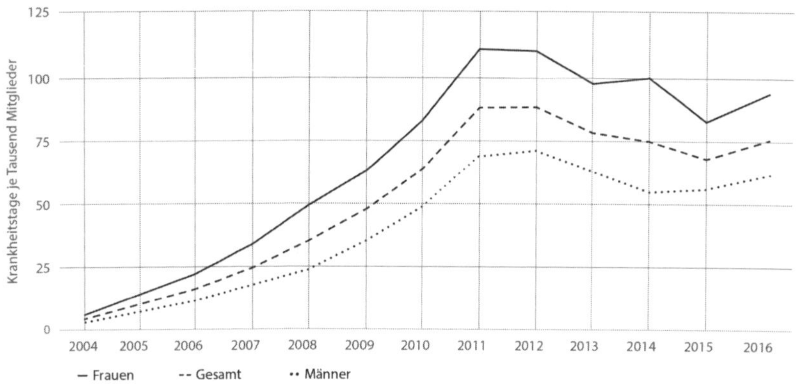

Krankheitstage durch Burnout

Quelle: Statista 2018

wenn immer alles gleichzeitig getan werden soll, weil es getan werden kann und genau deshalb von uns erwartet wird, dass wir auch alles gleichzeitig tun.

Schlimmer noch: Wir unterwerfen uns freiwillig dem Diktat der Technik. Zum Beispiel, wenn wir stolz darauf sind, dass wir alle elektronischen Anfragen mailwendend beantworten. Das baut natürlich einen ungeheuren Druck auf – auf uns selbst und auf die Menschen in unserer Umwelt, denen unser Vorbild zeigt, dass sie rettungslos hinterherhinken. Wo das hinführt, sehen wir an den stark steigenden Burnout-Raten. Für mich sind sie ein klares Warnsignal dafür, dass wir unsere Arbeits- und Lebenswelten nicht mehr unter einen Hut bekommen. Wenn wir schon in der Arbeitszeit immer mehr Dinge in die Stunden und Minuten hineinpressen, dann brauchen wir zum Ausgleich mehr Zeit für uns selbst – und die uns selbst schützende Einsicht, in unserer »Freizeit« nicht den Taktvorgaben der Arbeitswelt folgen zu müssen.

Wenn wir nichts ändern, verheizen wir unser Kreativpotenzial

In der heutigen Arbeitswelt laufen Unternehmen Gefahr, ihre wichtigste Ressource leichtfertig aufs Spiel zu setzen: gesunde, zufriedene und motivierte Mitarbeiter.

Das sind Faktoren von unschätzbarem Wert, denn nur Menschen, die wirklich Lust auf ihre Arbeit haben, bringen ihr ganzes Wissen und Können ein. Und vor allem ihre Kreativität, denn das ist heute und noch mehr in der Zukunft die Schlüsselkompetenz jedes Unternehmens. Computer und Roboter haben auf vielen Gebieten den Menschen bereits ersetzt, und die Entwicklung von künstlicher Intelligenz wird diesen Trend noch verstärken.

Aber dabei handelt es sich vor allem um immer wiederkehrende Routinearbeiten oder Produktionsschritte, für die man den Großteil seiner Kreativität ohnehin nicht benötigt. Heute und auf absehbare Zeit haben die Menschen noch das Monopol auf Kreativität. Und die bedingt vor allem eines: Kreativität entsteht in Zuständen von Entspanntheit. Vielleicht kennen Sie das: Die beste Geschäftsidee kommt im Urlaub, beim Joggen oder unter der Dusche.

Die Digitalisierung wird keinen Stein auf dem anderen lassen. Wetten?

Viele Vorstände, Aufsichtsräte und Geschäftsführer in Deutschland können sich laut einer Studie des IT-Branchenverband Bitkom nicht vorstellen, von Branchenfremden angegriffen zu werden. Aber genau das geschieht bereits und wird weiterhin geschehen. Beispiele gibt es zuhauf: Uber ist ein Transportunternehmen ohne ein einziges Auto und mischt den Taximarkt auf. Und wurde auch nicht von Taxifahrern erfunden. Amazon und Alibaba sind die weltweit größten Einzelhändler, besitzen aber erst seit Kurzem und nur ganz wenige Läden. Und wurden auch nicht von Buchhändlern gegründet. AirBnB ist ein Beherbergungsunternehmen ohne Hotels. Die Gründer? Zwei junge Amerikaner, die ihre Miete bezahlen mussten. Facebook ist ein Informationsunternehmen, dessen Content von den Kunden kommt. Tesla startete ohne Benzin im Blut und baut erfolgreich Autos, denen die Zukunft gehören wird. Denn Strom ist im Gegensatz zu Benzin keine endliche Ressource. Too big to fail? Eine Weisheit von gestern.

Die größte Herausforderung für Unternehmer besteht heute darin, dem Kreativpotenzial ihrer Mitarbeiter die bestmöglichen Bedingungen zu schaffen. Ich halte die 25-Stunden-Woche dabei für den richtigen Ansatz. Weil die 20-Stunden-Woche für die Arbeit zu kurz und die 30-Stunden-Woche für das Privatleben zu wenig sind. Außerdem wurde in einigen Studien nachgewiesen, dass die menschliche Aufmerksamkeit nach fünf Stunden zurückgeht.

Hält man Ausschau nach der emotionalen Bindung der Mitarbeiter an ihr Unternehmen, dann sieht es nicht nur in Deutschland, sondern fast überall auf der Welt für Arbeitgeber nicht unbedingt rosig aus. Das Marktforschungsunternehmen Gallup führt regelmäßig die Vergleichsstudie *State of the Global Workplace* durch. Für die im Oktober 2017 veröffentlichte Studie wurden Arbeitnehmer in 155 Ländern befragt. Während demzufolge in den USA immerhin jeder dritte Beschäftigte angab, sich emotional stark an seinen Arbeitgeber gebunden zu fühlen, waren es in Deutschland nur knapp jeder sechste (15 Prozent) und im Durchschnitt aller EU-Länder sogar nur elf Prozent.

Immer mehr Mitarbeiter versinken in der inneren Emigration. Holen Sie sie da raus!

Viel schlimmer aber war diese Zahl: Ein Viertel der Beschäftigten in der EU gab an, innerlich bereits gekündigt zu haben. Auch hier stand Deutschland mit 15 Prozent vergleichsweise noch gut da. Alle anderen Arbeitnehmer in Deutschland gaben an, nur eine geringe emotionale Bindung an ihren Arbeitgeber zu verspüren. Dieser Mangel an den Unternehmenszielen innerlich zugewandten Arbeitskräften kostet die Arbeitgeber nach Berechnungen von Gallup allein in Deutschland zwischen 80 und 105 Milliarden Euro im Jahr. Klar, denn wenn ich mich mit meinem Arbeitgeber nicht verbunden fühle, leiste ich weitaus weniger.

Halten Sie dieser Zahl doch mal eine andere entgegen: Nach Berechnungen des Arbeitgeberverbandes BDA investierten deutsche Unternehmen 2016 rund 33,5 Milliarden Euro in die Weiterbildung ihrer Mitarbeiter. Das klingt erst einmal viel. Aber diese Summe entsprach nur rund 1 Prozent des Bruttoinlandsprodukts 2016 (3 133,9 Milliarden Euro).

Angesichts der flächendeckenden Bindungs- und Motivationsverluste ist das ein Tropfen auf dem heißen Stein. Und vor allem stellt sich auch die Frage, ob sich die von den Unternehmen momentan angebotenen Weiterbildungsmaßnahmen überhaupt mit den Weiterbildungswünschen der Arbeitnehmer decken – und somit erfolgreich durchgeführt werden können und in den Köpfen der Kollegen haften bleiben.

Auch wenn die Unzufriedenheit der Beschäftigten sicher viele verschiedene und zum Teil auch individuelle Ursachen hat, so bin ich überzeugt, dass es auch mit der zu langen und immer öfter in die Freizeit hineinreichenden Arbeitszeit zu tun hat. Gerade vor dem Hintergrund des viel beklagten Fachkräftemangels wird meiner Meinung nach die emotionale Bindung der Mitarbeiter an ihr Unternehmen für die Arbeitgeber immer wichtiger. Denn jeder, der schon einmal Menschen eingestellt, angeleitet und Trennungsgespräche geführt hat, weiß, dass für Mitarbeiter wie für Kunden gilt: Es ist wesentlich einfacher und billiger, einen zufriedenen Mitarbeiter zu halten als einen neuen zu gewinnen.

Fachkräfte fehlen jetzt schon überall – und morgen wird es richtig eng

Die Suche nach Mitarbeitern, deren Können, Leistungsbereitschaft und Kreativität hoch sind, wird zunehmend schwierig.

Schon jetzt sehen sich viele Unternehmen mit dem Problem konfrontiert, überhaupt Mitarbeiter zu finden. Der Stellenindex der Bundesagentur für Arbeit, der als guter Indikator für die Entwicklung der Nachfrage nach Arbeitskräften gilt, kletterte seit Mitte 2009 von 108 auf 256 Punkte im Juli 2018. Dieser Rekordwert bedeutet, dass der Bedarf an Mitarbeitern in deutschen Unternehmen 2018 einen neuen Höchststand erreichte. Vor allem Unternehmen in der Informations- und Kommunikationstechnik tun sich zunehmend schwer, ihren Mitarbeiterbedarf zu decken: Der Branchenverband Bitkom spricht von rund 55 000 unbesetzten Stellen bei IT-Fachkräften. Aber auch in der öffentlichen Verwaltung, in den Pflegeberufen sowie in Handel und Industrie werden nach Angaben der Bundesagentur für Arbeit händeringend Fachkräfte gesucht – immer öfter ohne Erfolg.

Und die Situation wird sich aller Voraussicht nach weiter verschärfen. Einerseits suchten nach Angaben der Bundesagentur für Arbeit 2018 immer noch mehr Jugendliche in Deutschland einen Ausbildungsplatz, als es verfügbare Stellen gab. Andererseits blieben aus unterschiedlichen Gründen 48 900 Lehrstellen unbesetzt – das ist der höchste Wert seit zwanzig Jahren. Und so dürfte es weitergehen. Nach Angaben der Bundeszentrale für politische Bildung werden in den nächsten zwei Dekaden jährlich 375 000 Arbeitnehmer vom Arbeitsmarkt verschwinden. Das Thema Arbeitslosigkeit, das vor allem seit den 1970er Jahren in vielen europäischen Ländern zum Hauptproblem der Gesellschaften wurde, könnte sich also bald erledigt haben. In der jedes Jahr vom GfK Verein in Nürnberg durchgeführten Studie *Challenges*

In diesen Bereichen ist der Fachkräftemangel in Berufen des jeweiligen Qualifikationsniveaus am größten. Die Grafik zeigt Arbeitslose je 100 gemeldete offene Stellen im Juni 2017.

Fachkräfte – Mindestens zweijährige Berufsausbildung		**Spezialisten** – Meister-, Techniker- oder Fachschulabschluss sowie Bachelor ohne Berufserfahrung		**Experten** – Master oder Diplom sowie Bachelor mit Berufserfahrung	
Kältetechnik	21	Öffentliche Verwaltung (Spezialtätigkeit)	11	Öffentliche Verwaltung	21
Altenpflege	22	Gesundheits-, Krankenpflege, Rettungsdienst, Geburtshilfe (Aufsicht und Führung)	23	Versorgung, Entsorgung	34
Mechatronik	27	Fachkrankenpflege	28	Informatk	36
Hörgeräteakustik	28	Medizin-, Orthopädie- und Rehatechnik (Aufsicht und Führung)	30	Straßen- und Asphaltbau	39
Bauelektrik	29	Physiotherapie	32	Ärzte und Arztinnen (Spezialtätigkeit)	48
Land-, Baumaschinentechnik	35	Altenpflege (Spezialtätigkeit)	32	Tiefbau	51
Sanitär-, Heizung-, Klimatechnik	35	Versorgung, Entsorgung	35	Wirtschaftsinformatik	51
Elektrische Betriebstechnik	36	Tiefbau	39	Vermessungstechnik	58
Automatisierungstechnik	40	Objekt-, Personen-, Brandschutz, Arbeitssicherheit (Spezialtätigkeit)	39	Fachärzte und -ärztinnen in Neurologie, Psychatrie, Psychotherapie, psychosomatischer Medizin	60
Gesundheits-, Krankenpflege	45	Sprachtherapie	49	Elektrotechnik	61

MINT-Berufe*

Nur Berufe mit mindestens 100 gemeldeten offenen Stellen. *MINT: Mathematik, Informatik, Naturwissenschaften, Technik

Quelle: IW Medien / iwd 2018

of Nations gaben 2018 nur noch 12 Prozent der Deutschen die Sorge vor Arbeitslosigkeit an. Das ist der niedrigste Wert, der jemals im Rahmen dieser Studie ermittelt wurde. 2006 lag dieser Wert noch bei 80 Prozent.

Wenn Arbeit anders organisiert wird, können Mensch und Maschine unschlagbar Verbündete werden

Wenn ich mir die Situation auf dem Arbeitsmarkt so anschaue, dann wird wohl nicht nur mir klar, warum die Hoffnung der Unternehmen auf der weiter in Richtung künstliche Intelligenz voranschreitenden Digitalisierung liegt. Denn nur so lässt sich zumindest ein Teil der fehlenden Fachkräfte kompensieren.

Aber eines ist auch klar: Ein Unternehmen ist nur eine Organisationsform für zielgerichtetes Handeln. Und dafür braucht es noch immer Menschen. Das vergessen all die Schwarzmaler, die mit der Digitalisierung die menschliche Lohnarbeit verschwinden sehen. Ich halte diese Furcht für unbegründet. Ich sehe darin eher die große Chance, die Menschen zu entlasten und ihnen mehr Zeit für ihre persönlichen Interessen und ihre Weiterentwicklung zu geben. Mehr Zeit bedeutet weniger Entscheidungsstress, wofür diese knappe Ressource eingesetzt werden soll. Und das beflügelt die Kreativität und damit genau jene Fähigkeit, die auf absehbare Zeit eben nicht durch Computer und Roboter zu ersetzen sein wird. Wir dürfen nur nicht weiter den Fehler machen, die erreichten Produktivitätsgewinne in eine immer weiter steigende Anzahl von Aufgaben zu stecken.

Mitarbeiter benötigen heute mehr Kreativität und Flexibilität, um die ihnen übertragenen Aufgaben möglichst eigenständig erfüllen zu können. Die dafür notwendige Zeit könnte ihnen die Entlastung durch Computer, Roboter oder auch künstliche Intelligenz verschaffen.

Eines sehe ich momentan leider noch nicht: dass genügend Unternehmer bereit sind, die Arbeitsorganisation an die neuen digital induzierten Möglichkeiten anzupassen. Vielfach läuft es genauso wie mit früheren technischen Neuerungen: Anstatt die Mitarbeiter zu entlasten und die Arbeitszeit zu verkürzen, wandert der aus der gestiegenen Produktivität generierte Gewinn in die Taschen der Unternehmer und Kapitalgeber. Dadurch verschenken wir die Möglichkeit, aus Mensch und Maschine Verbündete zu machen. Denn unsere Jobs müssen heute kreativ und flexibel sein, weil sie sonst nicht effizient sind.

Vor einiger Zeit belauschte ich eine Diskussion, bei der jeder Teilnehmer unglaublich lange brauchte, nur um seinen Job zu beschreiben. Das zeigte mir zweierlei. Erstens: Die Anforderungen an die Mitarbeiter steigen. Zweitens: Und zwar in einem solchen Ausmaß, dass sich die Beschäftigten schwer tun, Wichtiges von Unwichtigem zu unterscheiden.

Die Erfahrungen mit Teilzeit weisen den Weg zur Arbeitszeitverkürzung ohne Lohnausgleich

Meine Idee, die Arbeitszeit auf 25 Wochenstunden zu begrenzen, mag sich anfangs schräg angehört haben. Aber sie ist natürlich nicht völlig aus der Luft gegriffen. Es gibt Beispiele aus Schweden,

Neuseeland und den USA, wo Unternehmer genau das bereits getestet haben *(mehr dazu in Kapitel 5)*.

Und dann gibt es Menschen, die mit ihrer Teilzeitarbeit seit vielen Jahren beweisen, dass man bei einer reduzierten Arbeitszeit sehr effizient und produktiv arbeiten kann.

Anstatt Teilzeitkräfte, mehrheitlich sind es Frauen, milde zu belächeln, sollten wir endlich zur Kenntnis nehmen, was Arbeitszeitforscher seit vielen Jahren predigen: Eine geringere Arbeitszeit führt zu besseren Arbeitsergebnissen. Deshalb hier gleich noch eine revolutionäre Idee: Teilzeitkräfte sollten das gleiche Gehalt beziehen wie Kollegen, die zwar acht Stunden am Arbeitsplatz verbringen, aber in dieser Zeit trotzdem nicht mehr Leistung als ihre Teilzeitkollegen erbringen.

Neben der Dauer der Arbeitszeit geht es auch um deren Flexibilisierung. Grundsätzlich halte ich es für sinnvoll, möglichst konzentriert und am Stück zu arbeiten, denn dann bleibt vor und nach der Arbeit noch genügend zusammenhängende Zeit für andere Dinge. Es ist Menschen aber ebenso gut möglich, sagen wir: am Vormittag drei Stunden konzentriert im Büro und am Nachmittag zwei weitere Stunden im Homeoffice zu arbeiten. Aus vielen Umfragen und Studien wissen wir, dass Mitarbeiter, die einen Teil ihrer Arbeit im Homeoffice leisten, sich weniger gestresst fühlen und daher auch seltener krank werden.

Mit dem neuen Teilzeitgesetz, das seit dem 1. Januar 2019 in Kraft ist, wurde ein notwendiger Schritt getan, um Mitarbeitern die Möglichkeit zu geben, sich für eine kürzere Arbeitszeit zu entscheiden. Die Klage mancher Arbeitgeber, dass sie jetzt nur noch drei Monate Zeit haben, um dem Teilzeitwunsch eines Arbeitnehmers zu entsprechen, kann ich nicht nachvollziehen. Wer von seinen Mitarbeitern erwartet, dass sie flexibler werden, der muss dieselbe Elastizität aufbringen. Allerdings haben wir bei uns gemeinsam im Team entschieden, die fünf Arbeitsstunden nicht auf den gesamten Tag zu verteilen, sondern konzentriert, gemeinsam und fokussiert zwischen 8 und 13 Uhr unsere Arbeit schaffen zu wollen. Das hat vor allem damit zu tun, dass eine Verteilung von diesen fünf Stunden auf einen ganzen Tag für unser (kleines) Team und für die Kommunikation untereinander zusätzliche Herausforderungen mit sich bringen würde.

Verkürzte Arbeitszeit ist ein Riesenvorteil beim Recruiting – aber nicht nur da

Wie weiter oben schon erwähnt, ist es in einigen Branchen schwierig bis fast unmöglich, geeignete Fach- und Führungskräfte zu gewinnen. Technologisch führende Unternehmen wie Apple, Tesla oder Google können sich aus einer Vielzahl an Bewerbern die passenden Leute heraussuchen. Aber die Unternehmen des Mittelstandes werden sich in Zukunft sehr schwer tun, weil alle Unternehmen um die schmaler werdende Schicht von qualifizierten und motivierten Leuten kämpfen.

Es ist schon heute keine gewagte These mehr, dass insbesondere der Mittelstand beim Thema Recruiting vor gewaltigen Herausforderungen steht. Natürlich gibt es dort eine Vielzahl an »Hidden Champions«, die auf ihrem jeweiligen Fachgebiet Weltmarktführer sind, aber die Bezeichnung verrät schon das Problem: Kaum ein Endkunde oder potenzieller Bewerber kennt den Namen, geschweige denn das Unternehmen. In ihrer jeweiligen Region mag es sich dabei um größere Arbeitgeber handeln. Doch ihr Einzugsgebiet für Personal bleibt auf den jeweiligen Landstrich beschränkt.

Für den Mittelstand ist es auch nur ein schwacher Trost, dass es dem öffentlichen Dienst als Arbeitgeber teils noch schlechter geht, da er neben der mangelnden Bekanntheit der dort gebotenen Jobs gegen ein negatives Image bei den Bewerbern ankämpfen muss.

Interessanterweise bieten öffentliche Arbeitgeber wie das Deutsche Patent- und Markenamt in München ihren Patentprüfern große Freiräume, wenn es um Teilzeit- und Telearbeit im Homeoffice geht. Weil die Mitarbeiter zudem gezielt darauf angesprochen werden, sich im Bekanntenkreis nach Interessenten umzuhören, gibt es dort auch weniger Probleme, die neu geschaffenen Stellen zu besetzen. Das Beispiel zeigt, dass Teilzeit und eine Flexibilisierung der Arbeitszeit gute Wege sind, um die Attraktivität als Arbeitgeber deutlich zu erhöhen.

Bei der Mitarbeitergewinnung ist es wie beim Verkauf: Wenn andere gut über ein Unternehmen reden, möchte man gerne dort arbeiten. Es liegt also an den Unternehmern, dafür zu sorgen, dass ihre Mitarbeiter viel Gutes über sie berichten können. Bewertungsportale wie Kununu sind hierbei mittlerweile nicht mehr wegzudenken.

Die Zukunft der Arbeit: effizient, flexibel, individuell

Wenn ich an die Zukunft der Arbeit denke, fallen mir vor allem drei Eigenschaften ein: effizient, flexibel und individuell.

Mit dem Wort *Effizienz* verbinde ich dabei eine verkürzte, aber dafür umso intensiver und zielorientierter genutzte Arbeitszeit. Die Wirtschaftswissenschaft nutzt den Begriff der organisationalen Ambidextrie, um die Fähigkeit von Unternehmen zu beschreiben, sowohl effizient als auch flexibel arbeiten zu können. Der lateinische Begriff Ambidextrie stammt eigentlich aus der Medizin und bedeutet Beidhändigkeit. In Bezug auf Unternehmen beschreibt er die organisatorische Fähigkeit, Bestehendes ideal für sich ausnutzen und dennoch Neues erschließen, aufnehmen und sich schnell an veränderte Marktbedingungen anpassen zu können. Dabei wird zwischen struktureller und kontextueller Ambidextrie unterschieden.

Bei der kontextuellen Ambidextrie geht es darum, dass in Unternehmen Konstanten wie Führungsstil und Werte variabel und situationsgerecht gehandhabt werden. Ein gutes Beispiel dafür ist die 80/20-Regel, wie sie von Google angewandt wird. Die besagt, dass Mitarbeiter nur 80 Prozent ihrer Arbeitszeit für das Tagesgeschäft einsetzen müssen. In den restlichen 20 Prozent der Zeit sollen sie sich mit innovativen und zukunftsweisenden Themen beschäftigen. Auf diese Weise will sich Google die Fähigkeit bewahren, wichtige Trends möglichst zuerst aufzuspüren und in das Geschäftsmodell zu integrieren. Bei der *strukturellen* Ambidextrie stehen Unternehmen vor der Aufgabe, durch organisatorische Anpassungen die Fähigkeit zu erlangen, gleichzeitig sowohl in bestehenden Märkten erfolgreich zu agieren als auch neue Märkte zu erkunden oder sogar selbst zu erschaffen, in dem man Neues aufnimmt und sich daran anpasst. Auf gut Deutsch: das Beste aus Großunternehmen und Start-ups unter einen Hut zu bringen.

Dass die Arbeit *flexibel* wird, ist nichts Neues. Spätestens seit den 1980er Jahren verlangt jedes Unternehmen von seinen Mitarbeitern »mehr Flexibilität«. Zu Recht, denn die Kunden, letztlich also wir selbst, erwarten das. Nur wird dabei leicht vergessen, dass Flexibilität notwendigerweise der *Individualität* als Ergänzung bedarf. Denn Menschen sind in unterschiedlichem Maße flexibel. Was dem einen leichtfällt, bereit dem anderen große Mühe. Was dem einen nur eine eher lästige Pflicht ist, zum Beispiel die Anwendung moderner Digitaltechnologie, fesselt den anderen bis ins Privatleben hinein. Wir leben zum ersten Mal in einer Zeit, in der die Mitarbeiter von Unternehmen privat oft mit besserem

Equipment ausgestattet sind als am Arbeitsplatz. Privat besitzt man immer das neueste Gerät, Smartphone, Tablet, alles. Im Büro steht meist immer noch der klassische Standrechner mit Monitor.

Bei allen Diskussionen rund um das Schlagwort »New Work« wird häufig das berühmte »Wir haben einen Kicker«-Beispiel bemüht, um den »New Work«-Reifegrad eines Unternehmens zu beschreiben, oder auch das hippe Großraumbüro und bunte Sitzecken. In meinen Augen wird es aber zunehmend wichtiger, auf die *individuellen* Bedürfnisse der einzelnen Arbeitnehmer einzugehen. Ein Kicker und ein Fatboy machen Mitarbeiter noch lange nicht effizienter – der richtige Umgang mit individuellen Bedürfnissen, die Möglichkeit zur Balance zwischen Beruf und Privatleben und eine Kultur der Wertschätzung aber in den meisten Fällen schon wesentlich mehr.

Warum wir schneller werden müssen, ohne auszubrennen

Mehr Effizienz, Flexibilität und Individualität in den Unternehmensalltag zu bringen, wird unter diversen Schlagworten vermarktet. Eines davon heißt agiles Arbeiten. Im Kern geht es bei der agilen oder auch mobilen Arbeit darum, dass Unternehmen ihre Geschwindigkeit, ihre Anpassungsfähigkeit und ihre Kundenzentriertheit erhöhen wollen. Zu diesem Zweck sollen die Mitarbeiter flexibel, beweglich, proaktiv und eben mobil arbeiten – was auch bedeutet: Losgelöst vom Arbeitsplatz und unter vermehrtem Einsatz technischer Kommunikationsmittel wie Handy, Laptop und Tablet. Und häufig leider auch bitte zu jeder Tages- und Nachtzeit.

Aufgrund immer kürzerer Innovations- und Produktzyklen hat Tempo natürlich eine große Bedeutung. Ich habe zu Beginn dieses Kapitels darauf hingewiesen. In vielen Branchen entscheiden nicht mehr Jahre, sondern Monate über den Erfolg einer Produkteinführung. Gerade für den erfolgsverwöhnten Mittelstand gibt es keine Bestandsgarantie; selbst große Unternehmen wie Nokia, Kodak, Quelle und Toys "R" Us wurden erbarmungslos vom Markt gefegt. Angesichts der Agilität kleiner Start-ups stehen etablierte Unternehmen vor der dringenden Aufgabe, ihre Arbeits- und Organisationsstrukturen zu verbessern, damit Produkte und Dienstleistungen schneller marktreif werden. Das geht aber nur mit engagierten und motivierten Mitarbeitern, die zudem hocheffizient arbeiten.

Eines ist aus meiner Sicht klar: Geschwindigkeit ohne die Vorgabe der richtigen Richtung bringt uns nicht weiter. Auf hoher See ist jeder Kurs recht. Die Basis für den Erfolg ist deshalb immer die Lösung eines zentralen Kundenproblems. Darüber darf aber nicht übersehen werden, dass sich die Bedürfnisse der Kunden sehr rasch ändern können und dies dank cleveren Marketings auch immer schneller tun. Idealerweise schaffen Unternehmen darum selbst die neuen Bedürfnisse. Henry Ford sagte einmal im Scherz, wenn er die Kunden nach ihren Wünschen gefragt hätte, hätten sie sich schnellere Pferde gewünscht. Er erfand das bezahlbare Automobil und machte es zum Massenprodukt. Vermisst irgendwer das Pferd?

Um im Bild zu bleiben: Unternehmen müssen die Mitarbeiter für sich gewinnen, die den entscheidenden Schritt vom Pferd zum Automobil weiterdenken. Mit einem Acht-Stunden-Tag und unbezahlten Überstunden werden die Findigsten unter ihnen nicht mehr dazu bereit und aufgrund der aktuellen komplexen Herausforderungen auch schlicht und ergreifend dazu nicht im Stande sein.

Mit der Digitalisierung wurde die vierte Stufe der Industrialisierung gezündet. In ihr arbeiten Maschinen und Mitarbeiter nahtlos zusammen. Zudem sind die Roboter auch mit den Werkstücken und untereinander vernetzt. So können sie jederzeit Informationen über den Stand des Fertigungsprozesses austauschen. Das beschleunigt zahlreiche Prozesse und damit auch die Produktlebenszyklen.

Es steht also außer Frage, dass Unternehmen effizienter, flexibler und individueller werden müssen, um in diesem Rennen nicht auf der Strecke zu bleiben. Damit ihre klugen Köpfe wichtige Entwicklungen und Trends schnell genug erspähen und dann die dazu passenden Produkte und Lösungen entwickeln können, benötigen sie vor allem die richtigen Menschen im Unternehmen. In Zukunft werden – und da bin ich mir sehr sicher – vor allem die Unternehmer erfolgreich sein, die ihre Organisation und Führung an den Bedürfnissen der Mitarbeiter ausrichten. Ein entsprechendes Schlagwort dazu wird in sozialen Netzwerken immer populärer: #employercentricity.

Mobile Organisation orientiert sich am Mitarbeiter

Selbstverständlich bleibt die Gewinnerzielung Sinn und Zweck eines Unternehmens, weshalb die Behauptung der eigenen Marktposition unabdingbar ist. Aber flexible Unternehmen sorgen dafür, dass Führung und Mitarbeiter nicht durch das Tagesgeschäft aufgezehrt werden. Vielmehr schaffen sie Freiräume, in denen die Menschen im Unternehmen zukunftsoffen und vernetzt miteinander diskutieren können. Je weniger hierarchisch ein Unternehmen aufgebaut ist, desto leichter gelingt es, eine offene Gesprächs- und Diskussionskultur zu schaffen. Wichtige Punkte sind weiterhin der konstruktive Umgang mit Fehlern und Kritik

(»Fehlerkultur«) sowie die Aufgeschlossenheit für neue Lösungen (»Innovationskultur«). Damit gute Lösungen aus möglichst vielen Richtungen kommen können, sollten alle Mitarbeiter durch eine zielgerichtete Organisation des Wissensflusses bestmöglich informiert sein. Denken Sie daran: Wissen ist Macht, aber Unwissen macht schlechte Mitarbeiter.

Die gerade genannten Aspekte führen unweigerlich dazu, dass sich nicht nur die Organisation, sondern auch Führungsverhalten und Unternehmenskultur ändern müssen.

Warum sich Führung ändern muss

Frédéric Laloux beschreibt den Wandel in Organisationen im Zeitablauf in seinem Buch *Reinventing Organizations* (2014) sehr treffend. Während früher starre Prozesse und stark hierarchisches Verhalten benötigt wurden, um die Produktionsabläufe effizient ablaufen zu lassen, ist heute etwas anderes nötig: Abschaffung von Hierarchien; die Ermächtigung der Mitarbeiter, ihre ganze Persönlichkeit (»Wholeness«) in die Arbeit einbringen zu können; und einen »Evolutionary Purpose«, den Firmen bieten müssen. Konkret bedeutet das: Der Sinn und Zweck eines Unternehmens muss sich im ständigen Wandel bei Bedarf mitwandeln. Und überhaupt: Unternehmen brauchen eine Vision und Werte, mit denen sich die Fachkräfte von morgen identifizieren können.

Digital Natives – und dazu gehöre ich auch, ich weiß also, wovon ich rede – bringen ganz andere Werte und Erwartungen in Bezug auf die Arbeitswelt mit als die Generationen vor ihnen. Mehr Eigenverantwortlichkeit und mehr Mitsprache, wie auch Frédéric Laloux es gefordert hat, sind bei ihnen nicht nur überzeugende Argumente für den Jobwechsel, sondern auch wichtig für ihre Motivation und ihren Erfolg. Dieser gesellschaftliche Wandel öffnet Unternehmern die riesengroße Chance, Veränderungen im eigenen Unternehmen zu beschleunigen.

Unternehmer sollten sich klarmachen, dass das Internet nicht nur besser informierte Kunden hervorgebracht hat, sondern auch besser informierte Mitarbeiter und Bewerber. Es gibt zahlreiche Bewertungsportale für Unternehmen als Arbeitgeber. Wer hier punkten möchte, muss vor allem auf seine Führungskräfte achten, denn die bestimmen maßgeblich, welche Werte im Unternehmen gelebt werden und wie die Stimmung unter den Mitarbeitern ist.

Sie alle kennen den Spruch: »Mitarbeiter kommen wegen eines Unternehmens und gehen wegen des Chefs.« Daran ist viel mehr als ein Körnchen Wahrheit. Ein paar flotte Sinnsprüche an der Wand oder ein bildschön formuliertes Bekenntnis zu Werten sind nutzlos, wenn den Worten keine entsprechenden Taten folgen. Glaubwürdigkeit entsteht vor allem über die Mitarbeiter. Sie sind die Markenbotschafter für das Unternehmen.

Gute Führung muss vorausschauend in vorhandene Strukturen eingreifen. Wer als Unternehmer erst reagiert, wenn sich die Ergebnisse verschlechtern, ist viel zu spät dran.

Moderne Führung beschränkt sich darauf, die Rahmenbedingungen zu schaffen, damit Mitarbeiter alle Informationen und Unterstützung erhalten, die sie für ein optimales Einzel- und Teamergebnis benötigen. Außerdem wird es immer mehr zu einer Hauptaufgabe von Führungskräften, die richtigen Mitarbeiter für ihr Team zu gewinnen und die vorhandenen Kollegen weiterzuentwickeln. Denn je schneller sich Märkte verändern, desto größer ist die Notwendigkeit, dass die eigenen Leute damit Schritt halten können. Gute Führung muss daher vorausschauend in vorhandene Strukturen eingreifen. Wer erst reagiert, wenn sich die Ergebnisse verschlechtern, hat kaum mehr Zeit, das Ruder herumzureißen.

Mit dem Vorausschauen ist es allerdings so eine Sache. Denn heutzutage machen es Digitalisierung, Globalisierung und der Innovationsdruck in allen Branchen schwer, weit in die Zukunft zu planen. Hier bedarf es der gedanklichen und unternehmerischen Flexibilität und Kompetenz, auf Unvorhergesehenes schnell reagieren zu können. In Unternehmen mit langen Entscheidungswegen, verkrusteten Hierarchien und überdimensionierten Entscheidungsgremien ist das nicht die leichteste Aufgabe.

Wie Unternehmen effizienter, flexibler und individueller werden

Um ihre Organisation und Führung zu verbessern, müssen Unternehmen nicht gleich den radikalen Umbau ausrufen. Wichtig ist es, bei jedem Veränderungsprozess die vorhandenen Mitarbeiter, die ihren Charakter und ihre Präferenzen von heute auf morgen weder ändern können noch wollen, auf dem angestrebten Kurs mitzunehmen. Mehr Effizienz und Flexibilität müssen in der Unternehmenskultur verankert und von der Führungsriege vorgelebt werden. Wer also die 25-Stunden-Woche einrichten will, muss als Unternehmer und Führungskraft selbst bereit sein, seine Arbeitsweise entsprechend hinterfragen zu lassen, mit Kollegen zu diskutieren und bei Bedarf auch anzupassen. Wenn der Chef weiterhin wie gehabt acht Stunden und länger arbeitet, werden sich die Mitarbeiter unter Garantie verpflichtet fühlen, gleichfalls über die vereinbarte Zeit hinaus zu arbeiten und ihre Prozesse und Vorgehensweisen ebenso wenig anpassen zu müssen.

In meinem Fall habe ich direkt nach der Übernahme des Teams meine Erwartungshaltung klar kommuniziert und meinen Tagesablauf erklärt. Damit wollte ich vermeiden, dass meine Mitarbeiter in Versuchung kommen, mir direkt auf meine sehr früh oder sehr spät geschickten E-Mail zu antworten. Die Tatsache, dass ich es war, der zu einer ungewöhnlichen Zeit eine gute Gelegenheit für Arbeit gefunden hatte, sollte bei ihnen keinen »Me too«-Reflex auslösen. Mittlerweile vermeide ich dennoch das Senden von E-Mails vor oder nach Feierabend. Durch den Pressewirbel, die Übernahme einer bestehenden Agentur und die strategische und operative Herausforderung kann es dennoch sein (und bei mir war es so), dass ich persönlich den Fünf-Stunden-Tag mehrheitlich nicht einhalten konnte. Dennoch bemühe ich mich, entweder selbst um 13 Uhr zu gehen oder meine Kollegen in jedem Fall darin zu bestärken, das Büro zu verlassen.

Meine Mitarbeiter nehmen den krassen Bruch zwischen ihren bisherigen Jobs und ihrer Arbeit bei Rheingans Digital Enabler durchaus wahr. Ihre früheren Chefs haben versucht, die Mitarbeiter über Incentives (Obstkörbe, Kicker, Wii und Playstation) möglichst lange im Büro zu halten. Ich hingegen versuche (und freue mich darüber), dass jeder so früh wie möglich aus dem Büro verschwindet.

Flexibilität wird zwar oft als persönliche Eigenschaft betrachtet, aber Unternehmen können durch eine entsprechende Organisation und Führung ihren Beitrag leisten, die Mitarbeiter dahingehend zu befähigen und zu motivieren.

Der richtige Umgang mit Versuchen aller Art ist hier ganz wichtig. Wer eine Idee hat und beim Test damit scheitert, der braucht ein unterstützendes und motivierendes Umfeld, um es erneut zu versuchen. Bei Fehlern gilt es daher, nicht nach Schuldigen für das Scheitern zu suchen, sondern die Chance zu nutzen, die Gründe dafür zu analysieren und aus den Fehlversuchen zu lernen. Denn wer immer nur auf bekannten Wegen läuft, kann natürlich keine neuen Ziele erreichen. Wer immer die gleichen Fragen stellt, erhält auch immer die gleichen Antworten.

Für mehr Kreativität im Unternehmen können Unternehmen auch sorgen, wenn sie die Vielfalt von Ansichten fördern und Diversität als Möglichkeit betrachten, ungewöhnliche Ideen aufzuspüren und in Taten umzusetzen. Auch hier kann die Rolle des Unternehmers und der Führungskräfte gar nicht unterschätzt werden. Wer selbst rasche Veränderung und Anpassung an neue Umstände akzeptiert und liebgewonnene Gewohnheiten sichtbar über Bord wirft, der wird auch seine Mitarbeiter dazu anregen.

Geht uns wirklich die Arbeit aus?

Die Frage, ob die immer größere Effizienz, mit der Waren und Dienstleistungen hergestellt werden können, irgendwann dazu führt, dass den Menschen die Arbeit ausgeht, beschäftigt Ökonomen und Philosophen schon seit geraumer Zeit. So prophezeite der britische Ökonom John Maynard Keynes bereits 1930, dass in Folge der Automatisierung in der Produktion um das Jahr 2000 herum die wöchentliche Arbeitszeit etwa 15 Stunden betragen werde. Es ist ein Traum geblieben. 2013 untersuchte David Graeber von der London School of Economics in seinem Artikel *On the Phenomenon of Bullshit Jobs*, warum sich die Prognose von Keynes nicht bewahrheitet hat. Dabei kam er zu dem Ergebnis, dass heute nur 30 Prozent der Menschen in Berufen arbeiten, die es 1930 so schon gegeben hat. Alle anderen arbeiten in neu hinzugekommenen Jobs. Was er von diesen neuen Jobs hält, kann man dem Titel seines Beitrags entnehmen.

Der deutsch-britische Soziologe Ralf Dahrendorf ging fünfzig Jahre nach Keynes der Frage nach, ob der Arbeitsgesellschaft die Arbeit ausgeht. Diese These war 1982 vor dem Hintergrund der wieder steigenden Arbeitslosigkeit in den westlichen Industriegesellschaften keineswegs abwegig. 1995 beschrieb Jeremy Rifkin in *Jobless Growth* das Phänomen, dass sich die Konjunktur nach einer Krise zwar erholen kann, dabei aber nicht unbedingt neue Arbeitsplätze entstehen. Diesen Befund griff Frithjof Bergmann auf und prägte den Begriff »New Work«. Sie sollte durch Selbstständigkeit, Freiheit und Teilhabe an der Gesellschaft gekennzeichnet sein und neben der Erwerbstätigkeit und einem bewussteren Konsum auch Arbeit enthalten, die man wirklich tun möchte. Um das zu erreichen, sollte laut Bergmann die Zeit, die wir mit Erwerbsarbeit verbringen, reduziert werden.

Die Digitalisierung und der damit in Verbindung gebrachte Verlust von Arbeitsplätzen macht vielen Menschen Angst. Das ist aber unbegründet – wenn wir unsere Arbeitsorganisation an die neuen Möglichkeiten anpassen, die uns die Technik bietet. Die 25-Stunden-Woche ist eine davon.

Die Geschwindigkeit, mit der die technologische Entwicklung voraneilt, lässt sich nicht beeinflussen. Unternehmer können jedoch dafür Sorge tragen, dass ihre Führungskräfte und Mitarbeiter lernen, den Wandel frühzeitig zu erkennen und mit den richtigen

Maßnahmen auf sich abzeichnende Veränderungen zu reagieren. Dazu ist es wichtig zu begreifen, dass Veränderung nicht nur ein Prozess zwischen einem fixen Anfangs- und Endpunkt ist, sondern als Dauerzustand betrachtet werden muss.

Die 25-Stunden-Woche ist eine Überlebensstrategie für Mensch und Gesellschaft

Als Charles Darwin vor 160 Jahren sein Hauptwerk über die Entstehung der Arten veröffentlichte, löste er damit einen Skandal aus. Heute wird seine Theorie, dass sich die Spezies der Tier- und Pflanzenwelt entweder an die sich laufend ändernden Umweltbedingungen anpassen oder aber aussterben, nur noch von religiösen Hardlinern bestritten. Auf die Arbeitswelt bezogen kann man sagen, dass die Digitalisierung eine Umweltbedingung ist, an die sich Unternehmen zwangsläufig anpassen müssen, wenn sie bestehen bleiben wollen. Firmen, denen das nicht oder nicht schnell genug gelingt, werden auf der Strecke bleiben.

Wahrscheinlich haben Sie es schon oft gelesen. Trotzdem möchte ich es auch hier noch einmal schreiben: In Zeiten dieses Wandels fressen nicht die Großen die Kleinen, sondern die Schnellen die Langsamen. Deshalb heißt mein Unternehmen nicht ohne Grund *Digital Enabler.* Wir wollen Unternehmen befähigen, sich schneller an die Digitalisierung anzupassen. Und für mich als Unternehmer besteht diese Anpassung eben auch darin, die 25-Stunden-Woche eingeführt zu haben, um meine Mitarbeiter zu entlasten. Nur so haben sie genügend Zeit, sich persönlich weiterzuentwickeln – und damit auch mein Unternehmen.

Deshalb sehe ich in der 25-Stunden-Woche nicht nur ein persönliches Projekt, das mir am Herzen liegt. Vielmehr halte ich die Verringerung der Arbeitszeit für eine notwendige Überlebensstrategie für den einzelnen Menschen, die Unternehmen und ebenso für die Gesellschaft als Ganzes.

Was passiert, wenn nichts passiert?

Mir ist natürlich völlig klar, dass es viele Unternehmen gibt, die nicht am traditionellen Acht-Stunden-Tag rütteln wollen. Sie verweisen auf den jetzt schon in manchen Branchen vorhandenen Fachkräftemangel und im Einzelhandel auf die Notwendigkeit, mindestens acht Stunden am Tag für die Laufkundschaft da zu sein. Hinzu kommt, dass in den nächsten 15 Jahren die geburtenstarken Jahrgänge in den Ruhestand gehen werden. Es gibt also durchaus Gründe für die These, dass nicht mehr der Arbeitsgesellschaft die Arbeit ausgeht, sondern der Arbeit die Menschen, um sie zu erledigen.

Trotzdem bin ich mir sicher, dass wir nicht so weitermachen können wie bisher. In den vergangenen Jahrzehnten haben die Menschen kaum etwas von der wachsenden Produktivität ihrer Arbeit gesehen. Stattdessen schlägt sich die zunehmende Überlastung der Mitarbeiter in ständig steigenden Burnout- oder – besonders bei Ärzten und Lehrern festzustellenden – Kündigungsraten nieder. Ohne ein attraktives Angebot, dass auch eine reduzierte Arbeitszeit ohne Lohnausgleich beinhaltet, nämlich gleichbleibende Einkommen wie bei der 40-Stunden-Woche, werden es Unternehmen schon bald schwer haben, ihre Stellen besetzen zu können.

Viele Arbeitnehmer haben ja nicht zu Unrecht das Gefühl, dass sie gemessen an ihrer Leistung zu wenig Geld verdienen. Wer kann sich angesichts des weit verbreiteten Ungerechtigkeitsempfindens beschweren, wenn 85 Prozent der Beschäftigten in Deutschland nur eine geringe oder gar keine Bindung an ihren Arbeitgeber verspüren! Doch dieser Trend gefährdet die Qualität der Arbeit und kann im Extremfall dazu führen, dass die Kunden ausbleiben. Gerade auf mittelständische Unternehmen sehe ich hier eine ganz große Gefahr zukommen.

Am Beispiel der Pflege kann man das gut illustrieren. In Deutschland gibt es schon jetzt viel zu wenige Pflegekräfte. In zehn Jahren wird es noch mehr umsorgebedürftige Patienten und alte Menschen geben. Wenn sich bis dahin nichts an den Arbeitsbedingungen in der Pflege geändert hat, wird dieser gesellschaftlich so wichtige Bereich unweigerlich kollabieren. Deshalb müsste man heute, wo noch nicht alles zu spät ist, die 25-Stunden-Woche einführen, um die tätigen Pflegekräfte zu entlasten und neue Mitarbeiter zu gewinnen …

… aber nicht nur, um die Arbeitgebermarke aufzupolieren! Selbstverständlich müsste man parallel die schlecht laufenden und noch nicht automatisierten Prozesse identifizieren und hierfür Lösungen entwickeln. In meinen Augen ist das noch viel wesentlicher, als allein den Fünf-Stunden-Tag in der Pflege einzuführen. Was ist denn in der Pflege wichtig? Die empathische Arbeit am Pflegebedürftigen. Und die kommt zu kurz, wenn der Pfleger handschriftlich Berichtshefte ausfüllt, Empathie wegen Überarbeitung keinen Platz hat und dazu noch fehlende Wertschätzung durch absolute Unterbezahlung erfahren wird. Darüber hinaus kann Sensorik helfen, zu erkennen, in welchen Räumen Menschen Hilfe brauchen, Robotik und KI sortieren Medikamente, digitale Tools optimieren Abläufe und Einsatzpläne. Das Beispiel der holländischen Pflegefirma »Buurtzorg«, die im Buch von Frédéric Laloux genannt wird, zeigt, wie moderne Pflege in Zeiten des Wandels und Fachkräftemangels funktionieren kann.

Die 25-Stunden-Woche hat nichts mit der Gen Y zu tun

Vor kurzem wurde ich bei einem Vortrag über »Kulturwandel durch Digitalisierung« aus dem Publikum gefragt, ob die 25-Stunden-Woche eine »Generation-Y-typische Form der coolen laziness« sei. Diese Frage hat mich, ehrlich gesagt, nicht wenig überrascht. Ich musste darüber nachdenken. Ist uns schlicht an weniger Arbeit gelegen? Haben wir null Bock auf Arbeit? Sind wir vielleicht einfach faul?

Sinngemäß antwortete ich dem Zuhörer, dass Rheingans Digital Enabler in einem freien Markt agiert. Wir konkurrieren dort mit unseren Preisen, unseren Umsetzungszeiträumen und der Qualität unserer Ergebnisse mit allen anderen Anbietern auf diesem Markt. Für die Kunden spielt es keine Rolle, ob andere Digitalagenturen ihre Mitarbeiter sechs, acht oder zwölf Stunden täglich arbeiten lassen. Für sie zählt einzig und allein der Preis und das Ergebnis der Arbeit – nicht aber die dafür aufgewendete Zeit pro Tag. Wir aber wissen, dass wir unseren vermeintlichen Wettbewerbsnachteil durch brillante Ideen, technisches Know-how und höhere Leistung ausgleichen müssen. Und das gelingt uns auch – gerade durch unsere kürzere Arbeitszeit.

Folglich ist unsere 25-Stunden-Woche das genaue Gegenteil von »cooler laziness«. Sie steht für High-Performance-Arbeit statt Absitzen und Smalltalk auf Kosten des Arbeitgebers. Meine Mitarbeiterinnen und Mitarbeiter haben für sich entschieden, in fünf Arbeitsstunden am Tag hochkonzentriert Höchstleistungen abzuliefern. Indem wir in stringenten Prozessen konzentriert an unseren Aufgaben arbeiten und dabei auf jegliche Ablenkung verzichten, gewinnen wir Zeit für uns. Zeit, die viele unserer Mitarbeiter im Anschluss an den Arbeitstag freiwillig im Büro verbringen – nicht um zu arbeiten, aber um sich mit den Kollegen auszutauschen oder einfach nur mit ihnen gemeinsam etwas Privates zu unternehmen. So bleibt bei uns auch nach 13 Uhr, wenn für die meisten die fünfstündige »Intensivphase« zu Ende geht, noch Zeit zum gemeinsamen Kochen – und damit das Menschliche nicht auf der Strecke. Weil ich weiß, dass das der jungen Generation mindestens ebenso wichtig ist wie das Einkommen.

Kapitel 3

Wie wir arbeiten wollen

Weg mit den alten Zöpfen: Sinnvoll, flexibel und effizient soll unsere Arbeit sein

»Ohne Zweifel hat sich jede Generation bisher dazu berufen gefühlt, die Welt neu zu gestalten. Meine weiß immerhin, dass sie das nicht tun wird«, sagte Albert Camus im Jahr 1957 in seiner Dankesrede anlässlich der Verleihung des Literaturnobelpreises. Er fuhr fort: »Aber ihre Aufgabe ist vielleicht noch viel größer. Sie besteht darin zu verhindern, dass die Welt zerfällt.« Camus' Generation war die Jugend, die den Zweiten Weltkrieg und die Nachkriegszeit bewusst erlebt und durchlitten hatten. Sie steht aber ebenso für alle Generationen davor und danach. Und ganz besonders für meine: die sogenannte Generation Y.

Ich bin im November 1980 geboren. Wenige Wochen vor meinem 21. Geburtstag legten Flugzeuge die Zwillingstürme des World Trade Center in Schutt und Asche. Dieses Ereignis hat mich gründlich erschüttert, kaum weniger allerdings die nicht enden wollende Reihe anschließender Kriege, Krisen und Katastrophen. Von den weltweiten Wellenschlägen der Lehman-Pleite über den Atomunfall in Fukushima bis hin zu den augenfälligen Auswirkungen des Klimawandels – ein Schock jagt den nächsten.

Jedes Erdbeben, jeder Vulkanausbruch, jede Überschwemmung erreicht mich, meine Freunde, meine Kollegen direkt, unmittelbar und sofort. Denn wir wissen immer, was läuft. Nachrichten schalten wir nicht ein. Das brauchen wir nicht mehr. Kaum ist etwas Ungewöhnliches, Aufregendes oder Bedrohliches auf der Welt passiert, blinken uns hektisch Bilder und Schlagzeilen auf unseren Smartphones, Tablets und Laptops entgegen. Deshalb fühlen wir uns, auch wenn es den meisten von uns materiell gut geht, alles andere als sicher. Angesichts von in Echtzeit übermittelten Naturkatastrophen wissen wir, was alles passieren kann, und bei anderem ahnen wir es. Die Globalisierung zum Beispiel vergrößert schon jetzt weltweit die Kluft zwischen Arm und Reich und treibt auch deshalb dem Terrorismus immer neue Kämpfer zu. Und die Digitalisierung, die unser aller Leben so erleichtert hat, macht unsere persönlichen Daten zu einer begehrten Handelsware, bei der noch gar nicht vorstellbar ist, wofür sie eines Tages eingesetzt werden kann. Ängstlicher als unsere Eltern sind wir deshalb nicht. Aber ungleich vorbereiteter als sie.

Für die Generation Y ist die Welt ein einziges Dorf geworden

Noch etwas unterscheidet uns von der Generation unserer Eltern. Neues aus anderen Ländern und Erdteilen berührt uns unmittelbar. Denn wir überblicken die globalen Zusammenhänge, haben die Welt bereist und sind international vernetzt. Ich selbst habe einige Jahre in Australien gelebt, studiert und gearbeitet. Freunde von mir waren in den USA, in Lateinamerika, in Asien, in Afrika; zum Teil leben sie dort immer noch. Dank Google Earth und sozialen Netzwerken wie Facebook, Skype, WhatsApp, Wechat, Threema oder Instagram sind wir immer nur einen Bildschirm entfernt von jedem Ort auf der Welt. Wir sind die erste wirklich kosmopolitische Generation.

Das bringt uns Menschen näher zueinander, egal, wo wir gerade sind. Und schafft Verständnis füreinander: Für uns sind »die« auch »wir«. Wenn die Menschen auf den Malediven aus Sorge vor der Überflutung ihrer Inseln protestieren, versammeln wir uns in Paris oder Berlin solidarisch auf den Straßen und protestieren mit. Noch vor dreißig Jahren, wenn in den Abendnachrichten über Buschbrände in Australien berichtet wurde, haben meine Eltern das mit relativem Gleichmut zur Kenntnis genommen. (Vor 15 Jahren allerdings nicht mehr, denn da war ich in Down Under und hätte in Gefahr sein können.) Poppt heute auf meinem Handy die Headline auf: »Ausgedehnte Waldbrände in New South Wales, Australien«, dann denke ich an meine Freunde in Sydney und Byron Bay. Ich rufe sofort an oder schreibe eine WhatsApp, um zu hören, wie es ihnen geht. Oder ich halte bei Facebook nach einem Lebenszeichen von ihnen Ausschau.

Aus den allgegenwärtigen Schreckensmeldungen haben wir zweierlei gelernt. Erstens: Wohlstand ist vergänglich. Egal, wie gut es uns gerade geht, es kann jederzeit von irgendwo her etwas kommen, das zerstört. Zweitens: Es wird trotzdem weitergehen. Es gibt Sicherheitssysteme, die uns auffangen, sichtbare, unsichtbare, persönliche, unpersönliche. Und den Rest kriegen wir auch irgendwie hin. Nur wie, das wissen wir noch nicht. Bei aller Zuversichtlichkeit bleibt ein Bodensatz von Unsicherheit und Sorge.

Die Generation Y ist erwachsen geworden und in der Arbeitswelt angekommen. Ihre Vertreter haben gelernt, dass die Möglichkeit von Krisen ein Dauerzustand ist. Damit haben sie sich äußerlich nüchtern und pragmatisch arrangiert. Doch im Inneren sind viele unsicher und besorgt. Weiter geht es bestimmt – aber wie?

Vielleicht ist meine Alterskohorte deshalb so skeptisch und hinterfragt alles und jedes. Das Y steht im Englischen schließlich nicht umsonst für »why« – warum. Die Generation unserer Eltern, die sogenannten »Baby Boomer« (geboren 1956 bis 1965), war zur politischen Wachsamkeit aufgerufen. Der Zwischengeneration X (Jahrgang 1966 bis 1980) hat man Kritikfähigkeit antrainiert. Wir, die Angehörigen der zwischen 1980 und 2000 geborenen Generation Y, wurden seit Kindertagen und erdoberflächendeckend dazu aufgefordert, neugierig zu sein. Wir sollten die Dinge hinterfragen und uns nicht mit einfachen Antworten zufrieden geben. »Wer, wie, was, wieso, weshalb, warum – wer nicht fragt, bleibt dumm«, schallte es uns jeden Abend aus der Sesamstraße im Fernsehen entgegen. Dabei bin ich geblieben. In meiner Familie wie in meiner Firma gilt der Grundsatz: »Es gibt keine dummen Fragen. Es gibt nur dumme Antworten.«

Immer höher, schneller, weiter ... und wir müssen mit

Eine Frage stelle ich mir seit vielen Jahren – und häufiger, seitdem ich selbst Chef bin: Wie konnte es passieren, dass trotz der gewaltigen Fortschritte in der Informations- und Kommunikationstechnik die *gefühlte* Belastung für den Einzelnen kontinuierlich zugenommen hat? Das behaupten nicht nur wissenschaftliche Studien. Dasselbe höre ich von meinen gleichaltrigen Freunden und Bekannten. Die Losungen der 68er lauteten »Friede« und »Freundschaft«. Unser Gemeinschaftsgefühl drückt sich in einem anderen Wort aus: *Stress.* Wir alle sind permanent gestresst.

In meiner Familie wurde immer viel und engagiert gearbeitet. In unseren Genen steckt die ostpreußische Arbeitsmoral. Aber so ausgebrannt, wie ich mich während der Zeit meiner Familien- und Firmengründung gefühlt habe, habe ich meinen Vater niemals erlebt. Ein paar meiner Freunde und Bekannten haben sich mit einem klinisch diagnostizierten Burnout für längere Zeit aus dem Arbeitsleben zurückziehen müssen. Auch das hat mir früh zu denken gegeben. Woher kommt eigentlich der enorme Druck, der auf uns lastet? Kann den mal bitte jemand wegnehmen?

Die Digitalisierung hat uns Tempo gebracht – und den vermeintlichen Zwang, mitrennen zu müssen

Wir haben in Kapitel 2 gesehen, dass die Produktivität der Arbeit in den zurückliegenden Jahrzehnten enorm gestiegen ist und zwar über alle Wirtschaftszweige hinweg und in Unternehmen jeder Größenordnung. In Konzernen, den mittelständischen Industriebetrieben und den meisten Dienstleistungs- und Verwaltungsjobs ist das offensichtlich. Es betrifft aber auch das Handwerk und die Gastronomie, die Medizin, wirklich die gesamte Palette der Berufe bis hinein in die Schulen und Universitäten. Alle bringen heute mehr als früher zustande, und das bei weit größerer Geschwindigkeit. Auf Entscheidungen müssen wir höchstens ein paar Stunden warten, selbst wenn sich unser Chef oder unser Kunde gerade auf der anderen Seite der Erdkugel aufhält. Ein paar Klicks, schon steht die Verbindung. Ach was, »Klicks«. Wer arbeitet schon heute noch mit einer Computermaus?!

Bis vor etwa dreißig Jahren wurden noch Telexe geschrieben. Die hatten Lochstreifen und die Maschine tickerte, wenn das Papier aus der Walze hervorquoll. Auch damit konnte man rund um den Globus in Echtzeit schriftlich kommunizieren. In den 1970er Jahren wurde das Fax erfunden. Das ersetzte aber nur das Tickern durch ein ebenso unmelodisches Knarren. Als ich zehn oder elf Jahre alt war, kamen die quäkenden Modems und brachten uns erst BTX, dann die E-Mail und das Internet.

Die Geschwindigkeit und die Verfügbarkeit der fernschriftlichen Kommunikation nahmen seit meiner Geburt von Jahr zu Jahr zu. Heute kann ich im Flugzeug meine E-Mails checken und sofort beantworten. Meine Buchhaltung, Rechnungen, Post und sonstige Notizen der letzten zehn Jahre habe ich ebenfalls komplett und durchsuchbar in einer privaten Cloud. Wenn das Rechtsanwaltsbüro früher meinen Vater während seines Urlaubs erreichen wollte, war das für die Sekretärin eine gewisse Herausforderung. Natürlich wusste sie, wie sie ihn im Notfall kontaktieren konnte. Aber eben nur im Notfall. In der Regel fragte sie sich deshalb erst selbst, ob sie das Problem nicht auch ohne ihn würde lösen können, und meistens konnte sie es.

Im Hinblick auf Tempo und Verfügbarkeit sind die Fortschritte in der Informations- und Kommunikationstechnik grandios. Aber wir selbst sind dank der Technik eben auch rund um die Uhr verfügbar geworden. Sie hat uns Freiheit geschenkt und Freiheit genommen. Dafür müssen wir eine neue Balance finden.

Heute ist nicht nur der Chef »always on«. Theoretisch sind auch alle Mitarbeiter rund um die Uhr erreichbar. Für die einen ist das bequem. Aber vielen anderen macht es Stress.

Wer vom globalen Zeitgewinn profitiert und wer darunter leidet

Das Tempo, mit dem sich unsere Arbeit verdichtet hat, ist unfassbar hoch. Wer hat den Zeitgewinn eingestrichen? Die Jobs wurden immer schneller, individueller, komplexer und anspruchsvoller, während die Arbeitseinkommen auf der Stelle traten. Die Produktivitätsgewinne – wenngleich nicht die Wohlfahrtgewinne –, die aus diesem Beschleunigungs- und Verdichtungsprozess resultieren, kamen in dem Vierteljahrhundert zwischen 1980 und 2005 nahezu ausschließlich der Wirtschaft zugute. Was durchaus eine gewisse Berechtigung hatte, denn die meisten Unternehmen wurden ab jetzt vom Markt gezwungen, in immer kürzeren Zeitabständen in neue, leistungsfähigere und noch mehr Schnelligkeit versprechende Informations- und Kommunikationstechnik zu investieren. Wer als Arbeitnehmer die von der Digitalisierung ausgelösten Veränderungen nicht mittragen wollte oder konnte, suchte sich einen Job mit weniger Stress oder zog sich gleich in den Ruhestand zurück. Allerdings gab es viele, die das nicht konnten. Kurz nach der Jahrtausendwende begann die Burnout-Rate in die Höhe zu schnellen.

Ich bin nicht sicher, ob meine Eltern in ihren Dreißigern mit dem Wort Burnout etwas anzufangen wussten. Meine Großeltern jedenfalls ganz bestimmt nicht.

Besonders augenfällig wurde der sich immer schneller aufbauende Druck auf die Unternehmen und auf die Mitarbeiter nach den Wendejahren 1989/90. Die Betriebe in der ehemaligen DDR holten den im Westen längst angelaufenen Prozess der »schöpferischen Zerstörung« – ein Begriff des österreichischen Volkswirts Alois Joseph Schumpeter – im Zeitraffer nach. Bei manchen hat das ein tiefsitzendes Trauma ausgelöst. Das mag erklären, warum sich gerade in den östlichen Bundesländern bis heute so viele Arbeitnehmer abgehängt fühlen.

Einige hat die Beschleunigung der Arbeit innerlich überfordert, andere hat sie überflüssig gemacht. Die in Windeseile modernisierten Betriebe kamen ja mit deutlich weniger Mitarbeitern aus. Viel anders ist das heute nicht. Denn gleichgültig, wie und wo wir arbeiten: Wenn wir uns den neuen technischen Möglichkeiten verweigern, droht uns das Abstellgleis. Als Arbeitnehmer habe ich das ebenso im Blick wie als Arbeitgeber. Angst- wie Schuldgefühle wiegen gleich schwer. Und beide setzen Menschen unter Stress.

Ob wir uns angetrieben fühlen oder selbst antreiben – der Stress wird nicht weniger

Während vieler Jahre wurde mein Vater von einer tüchtigen Chefsekretärin unterstützt, deren Fähigkeiten er außerordentlich schätzte. In den 1980er Jahren führte seine Kanzlei die ersten Computer ein. Auch der Arbeitsplatz seiner Sekretärin sollte umgestellt werden. Doch sie weigerte sich. Sie wollte ihre Kugelkopfmaschine behalten. Mein Vater ließ ihr die Schreibmaschine und ihre gewohnte Arbeitsweise. In den wenigen verbleibenden Jahren bis zu ihrer Rente ließ er allerdings auch ihr Gehalt in unveränderter Höhe. Er war ein großzügiger Chef. Aber hier ging es ihm ums Prinzip. Entweder geht man mit der Zeit. Oder man geht. Und sei es in Raten.

Daher rührt der Druck, den viele Twens und Thirty-Somethings auf sich lasten fühlen: Wir haben heute viel mehr Möglichkeiten, als sie unseren Großeltern und Eltern offen standen. Aber auch die Risiken sind größer geworden. Wir kön-

nen alles gewinnen, aber auch alles verlieren. Das macht uns besorgt und setzt uns unablässig unter Stress. Nur reden wir nicht darüber. Denn es geht uns allen ja so.

Es sieht nicht so aus, als ließe der Druck allmählich nach. Im Gegenteil – mit wenigen Ausnahmen passiert heute alles sehr viel schneller als vor zehn Jahren. Während meiner Recherchen habe ich festgestellt: Um 1990 herum wurde reichlich über den anstehenden »Wandel« geschrieben und diskutiert. Das würde niemand aus der Generation Y tun. Wir haben nämlich verstanden, dass der Wandel der feste Hintergrund, gewissermaßen die Tapete unserer Gegenwart ist. Wobei es den Wandel gibt, der aus der Weiterentwicklung der Technologie folgt und dem wir uns nicht verschließen können, und den Wandel, den wir selbst herbeiführen können. Über letzteren schreibe ich dieses Buch.

Etwas zu verstehen heißt nicht unbedingt, es zu begrüßen

Nicht jeder findet den hochfrequenten Takt des Arbeitslebens ganz wunderbar und reiht sich mit glänzenden Augen in die Change-Projektgruppe ein, die im halbjährlichen Wechsel neue Ziele präsentiert bekommt. Mal heißen sie »Wir werden lean«, mal »Wir reengineeren unsere Prozesse« und mal »Wir werden ein agiles Unternehmen«. Was zwar bei Licht betrachtet ein und dasselbe will, es heißt aber anders und rechtfertigt daher den Alarmruf: »Change!«.

Nun ist es mit dem Blick auf Veränderungen wie mit dem berühmten Glas Wasser: Für manche Menschen ist das Glas halb voll, für andere halb leer. Im Wandel kann man eine Bedrohung sehen oder eine Chance. Die meisten Menschen gehören entweder zu dieser oder zu jener Fraktion.

Weil es zu meinem täglichen Brot gehört, Menschen von der Sinnhaftigkeit und dem Nutzen einer Veränderungen zu überzeugen und entsprechende Maßnahmen mit den Kunden zu entwickeln, bin ich mit den Merkmalen der Euphorie ebenso vertraut wie mit den vorgeschobenen Abwehrargumenten. Ob digitalisierte Prozesse, zeitgemäße Markenauftritte, zielführende Webseiten und attraktive Onlineshops: Häufig müssen die Synapsen erst mit einem lauten »Klick!« einrasten, bevor die Kunden erkennen, was sie davon haben, wenn sie neu denken oder etwas anders gestalten. Oft ruft ein anstehender Wandel das Gefühl von Stress hervor, obwohl die Folge des Wandels häufig das Gegenteil, nämlich Entlastung, mit sich bringt.

Für einige Menschen, und das ist keine Frage des Alters, sind technische Veränderungen spannende Herausforderungen, denen sie sich nur zu gern stellen. Die sind dann auch sofort hellauf begeistert. Andere brauchen eine Zeit lang, bis sie sich an ein neues Design oder an eine neue Arbeitsplattform gewöhnt haben.

Menschlich ist das verständlich. Aber betriebswirtschaftlich ist das der GAU. Unternehmen, und hier denke ich vor allem an den Mittelstand, haben in unserer schnelllebigen Welt nämlich keine Zeit mehr, um sich sachte an Veränderungen heranzutasten. Zumal es der demografische Wandel zunehmend schwieriger macht, genügend und genau passendes Personal für all die notwendigen Veränderungen zu finden.

Grundlegende Veränderungen in Unternehmen funktionieren am besten, wenn sie von allen mitgetragen werden, von den Alten und von den Jungen, von den Early Adopters wie von den Be-

wahrern. Das gilt für die Einführung neuer Technologien wie für neue Arbeitszeitmodelle. Nur eines geht gar nicht: Notwendige Veränderungen auf den Sankt-Nimmerleins-Tag zu schieben.

Während große Unternehmen zwar über die Qualität der Kandidaten klagen, mit der eintreffenden Menge an Bewerbungen im Großen und Ganzen aber immer noch zufrieden sind, freut sich so mancher Mittelständler und Kleinunternehmer, wenn er für seine ausgeschriebene Stelle überhaupt eine Bewerbung bekommt. Gerade junge, oft sehr gut ausgebildete Menschen sind sich ihres Wertes sehr bewusst. Und anders als die Generationen vor ihnen können sie sich den Arbeitgeber aussuchen, für den sie gern arbeiten möchten. Ihnen zur Seite stehen reife Arbeitnehmer, die sich ihrer Leistungskraft und des Wandels zum Arbeitnehmermarkt ebenfalls durchaus bewusst sind. Angesichts des Fachkräftemangels fordern auch sie jetzt ihren Teil vom Kuchen. Der Druck auf die Arbeitgeber steigt.

Hat das etwa jemand noch nicht gemerkt? Der Arbeitsmarkt hat sich gedreht.

Wir müssen uns bewusst werden, dass vor unser aller Augen ein Paradigmenwechsel stattfindet. Qualifizierte und engagierte Mitarbeiter sind wählerisch geworden. Sie können es sich leisten. Und sie werden zweifellos noch wählerischer werden. Darauf müssen sich die Arbeitgeber einstellen. Als Unternehmer kann ich nur an meine Kollegen appellieren: Macht die Zeitenwende mit. Der Arbeitsmarkt hat sich gedreht. Dreht euch mit.

Arbeitnehmerfreundlichkeit ist zu einem der wichtigsten Wettbewerbsfaktoren auf dem Arbeitsmarkt geworden. Ja, richtig gelesen: *Arbeitnehmerfreundlichkeit.* Denn die Konkurrenz ballt sich nun auf der Seite der Nachfrage nach Arbeitskräften und nicht mehr auf der Angebotsseite. Wer seine Mitarbeiter nicht wertschätzt, knappe Gehälter zahlt und wenig Freiraum lässt, wird sie über kurz oder lang verlieren und auch keine neuen finden. So etwas spricht sich nämlich in Windeseile herum.

Verantwortlich dafür ist auch der Siegeszug der sozialen Medien. Im Internet werden nämlich nicht nur Hotels, Staubsauger und Ebay-Verkäufer bewertet, sondern längst auch Unternehmen. Wer sich als attraktiver Arbeitgeber positionieren möchte, muss bedenken, dass seine Mitarbeiter – die gegenwärtigen wie die ehemaligen – Einspruch einlegen könnten. Und wem wird im Zweifel eher Glauben geschenkt – was meinen Sie?

Den Unternehmen steht heute eine immer besser qualifizierte, umfassend informierte und daher selbstbewusstere Arbeitnehmerschaft gegenüber. Sie ist sich der Hebel ihrer Macht bewusst: Ihr schafft Arbeitsplätze – aber wir wählen aus.

Die Zeichen der Zeit stehen auf Teilhabe. An der Gestaltung der Arbeit, an der Verantwortung, am Gewinn, an der unternehmerischen Freiheit. Das ist nicht nur ein Gebot der Fairness, sondern eine notwendige Bedingung, um überhaupt noch leistungsbereite Mitarbeiter von sich zu überzeugen. Ein gutes Gehalt ist selbstverständlich. Darüber hinaus gibt es aber auch andere Währungen, in denen bezahlt wird: Anerkennung, Vertrauen und ein gutes Betriebsklima spielen eine wichtige Rolle und eben – wie bei Rheingans Digital Enabler – mehr Freizeit.

Dank der riesigen Medienresonanz auf unsere 25-Stunden-Woche hat sich die Zahl der Bewerbungen bei uns stark erhöht. Sowohl auf Stellenanzeigen als auch Blindbewerbungen: Jede Woche finde ich wenigstens zehn Jobanfragen in meiner Mailbox. Mit der für mich außerordentlich komfortablen Folge, dass ich mir meine Mitarbeiter fast aussuchen kann.

In der aktuellen Arbeitsmarktsituation ist das ein ungeheures Privileg. Zumal in der jungen Software-Branche werden wechselwillige Fachkräfte fast schon mit Gold aufgewogen. Dabei wollen wir nur die Besten haben, das macht die Sache noch schwieriger. Ganz abgesehen davon, dass wir nicht in einer hippen Metropole sitzen. Ich persönlich lebe gern in Bielefeld. Nur wollen die meisten Youngster nun mal nach Berlin, München oder Hamburg. Einen Standortnachteil kann man nur wettmachen, indem man ihnen etwas anderes gewährt. Etwas, das sie sich inständig wünschen und das kein anderes Unternehmen zu geben bereit ist. Andere Firmen geben Arbeit. Wir geben Zeit. Stephen Aarstol, der in seinem kalifornischen Unternehmen die 25-Stunden-Woche eingeführt hat *(siehe Kapitel 6)*, beschreibt es noch deutlicher: »Wir geben unseren Mitarbeitern ihr Leben zurück«.

Hört endlich auf, die Jungen anzuschleimen. Gebt ihnen doch einfach, was sie haben wollen: Zeit.

Den plakativ mit »Generation Y« gebündelten heute 23- bis 38-Jährigen wird vieles nachgesagt. Noch mehr wird über diese Altersgruppe geschrieben. Wenn Sie auf der deutschen Amazon-Seite nach Büchern zum Thema »Generation Y« suchen, werden Ihnen rund 350 Titel in deutscher Sprache angezeigt. Ungleich größer ist das englischsprachige Angebot. Offensichtlich wird es für außerordentlich wichtig gehalten, diese Generation von allen Seiten zu beäugen und unter das Mikroskop zu legen. Für wen ist das wichtig? Selbstredend für die Unternehmen, die den Nachwuchs dringend brauchen und gerade im Begriff sind zu merken, dass »brauchen« und »bekommen« längst nicht ein und dasselbe ist.

Wer auf der Lernkurve schon ein Stück vorangekommen ist, weiß, dass seine Firma nicht die einzige ist, die gut bezahlte Arbeit in einem netten Team und mit verlockenden Zukunftsperspektiven anbietet. Daneben, davor und dahinter drängeln sich Dutzende von anderen Arbeitgebern und schreien sich, bildlich gesprochen, die Kehle aus dem Hals: Hier lang! Bei uns arbeitet es sich megacool! Wir sind die Besten! Für die Gesuchten ist das höchst erfreulich. Eine Anstellung bei einem vermeintlich attraktiven Top-Arbeitgeber. Gesundheitskurse. Homeoffice. Verantwortung vom ersten Tag an. Kinderbetreuung. Auslandseinsätze. Rentenzuschuss. Frei Parken. Das Problem: Alle Würmer schmecken gleich. Allmählich gehen den Recruitern die Ideen aus, mit welchen Ködern sie sonst noch angeln könnten.

Ich möchte nicht überheblich daherkommen, aber das wusste ich schon vor der Gründung meiner Agentur. Ich gehöre nämlich selbst zu dieser heißumkämpften Zielgruppe. Meine Wünsche sind ziemlich genau dieselben wie die meiner Generation. Wir haben keine Lust mehr auf den permanenten Druck, den unsere Eltern zwar ausgehalten, aber oft auch an uns weitergegeben haben. Wir wollen uns nicht zwischen Beruf und Privatleben zerreißen. Wir sind bereit zu harter Arbeit, aber wir wünschen uns dafür ehrliche Anerkennung, in Form von Geld, Wertschätzung und Aufmerksamkeit. Außerdem war es für mich persönlich auch schon immer wichtig, sinnstiftende Arbeit zu leisten. Das bedeutet auch, dass Prozesse nicht unsinnig und Strukturen nicht veraltet sein dürfen, nur »weil sie schon immer so waren«. Vor allem wollen wir mehr Zeit haben: für unsere Familien, für unsere Hobbys, um zu reisen und um Neues zu lernen. Wir wollen Zeit für uns.

Meine Mitarbeiter und ich sind teils weitaus jünger als 40 Jahre. Bevor ich meine Vision von der 25-Stunden-Woche im eigenen Unternehmen lebendig werden ließ, habe ich viel über unsere Generation gelesen. Ich nahm es zwar an, aber ich wollte sicher sein, dass der Fünf-Stunden-Arbeitstag bei meinen Altersgenossen genauso gut ankommt wie bei mir selbst.

Ein Blick in den Spiegel: Was ich über die Generation Y gelernt habe

Wir seien entspannt bis zur Faulheit, las ich (und war schockiert), selten ehrgeizig, nur bedingt ausbildungsfähig, dafür aber so selbstbewusst, dass es an Arroganz grenze. Wir wüssten alles besser und ließen uns nichts sagen. Überdies seien wir von unseren fürsorglichen Helikoptereltern über die Maßen verwöhnt worden. Die Uni fiel uns leicht und ließ uns genug Zeit zum Reisen und zum Ausprobieren. Deshalb glaubten wir, das ginge in der Arbeitswelt einfach so weiter.

An dieser Stelle legte ich die Bücher und Studien bestürzt zur Seite und fragte einen älteren Freund meiner Eltern, ob er diese Einschätzung teilen würde. »Nun ja«, hatte er mit einem feinem Lächeln geantwortet, »aus dem Blickwinkel eines Babyboomers oder eines Vertreters der Generation X könnte man das durchaus so sehen.«

Er nannte mir auch den Grund dafür. Wer zwischen 1952 und 1975 geboren worden ist, musste sich sein ganzes Arbeitsleben lang abrackern, um eine kleine oder bestenfalls eine mittlere Portion Aufmerksamkeit von Dritten zu erhaschen. Oft spukte den Nachkriegseltern noch der Krieg im Kopf herum, und wenn sie sich von den Schreckensbildern hatten befreien können, dann waren sie so sehr mit Wiederaufbau und Wirtschaftswunder beschäftigt, dass sie den Nachwuchs zwar mit harter Hand erzogen (»Überleg dir vorher, was du tust«, »Wehre den Anfängen«, »Was Hänschen nicht lernt …«), aber ihn vorwiegend sich selbst überließen. Weil sie mit sich genug zu tun hatten.

Zwischen der jungen Generation und ihren Vorgängern liegen Welten

Die Angehörigen der Generation X – geboren zwischen dem Pillenknick und dem Abflauen des Wirtschaftswunders – mussten sich sogar noch stärker anstrengen, wollten sie unter all den Jeans- und Parkaträgern als Individuum wahrgenommen werden. Um in überfüllten Klassenzimmern und Hörsälen aufzufallen, mussten sie entweder extrem strebsam und dann natürlich auch erfolgreich sein oder nach außen hin auf die Anerkennung pfeifen und den Revoluzzer hervorkehren. Für die ersteren ist jeder Y-er, der nach 1980 geboren wurde und es bis zum 25. Geburtstag nicht zum Doktorhut oder wenigstens zur eigenen Firma gebracht hat, ein Versager. Und für die Rebellischen ist die Generation Y ein Haufen kläglich Angepasster. Sollte sich ein Leser übertrieben dargestellt fühlen, so bitte ich vorsorglich um Verzeihung. Bei Schwarz-Weiß-Zeichnungen treten die Konturen deutlicher hervor.

Wer zwischen 1980 und 1995 zur Welt gekommen ist, ist ein Wunschkind. Ihre und seine Eltern hatten viel Zeit und förderten ihr Kind, wie und wo sie nur konnten. Bereits im Kindergarten war der Alltag meist perfekt durchorganisiert. Die Schule dann dauerte lange, manchmal einschließlich des Heimwegs bis zu 15 Stunden, dann fiel die Freizeit flach. Spontanes Treffen mit dem Kumpel am Nachmittag – keine Chance. Vielleicht nächste Woche Mittwoch, da fällt die musikalische Früherziehung aus …

Später dann das Experiment mit G8 – den Schulstoff von 13 Jahren schnell mal in zwölf Jahre hineinpressen. Nach dem Pisa-Schock, der die Deutschen auf den natürlichen Schwund der strebsamen Generation X aufmerksam gemacht hatte, war das Turboabi von fast allen alten Bundesländern eingeführt worden. Ziel war es, den Nachwuchs früher in den Beruf zu bringen. In den meisten Bundesländern im Osten hielt man sein Abiturzeugnis schließlich auch nach zwölf Schuljahren in den Händen.

Damals rätselten eher die Eltern als ihre Kinder »Warum 12?« Die Sprösslinge nahmen es stoisch hin und lernten fürs Leben, wie elastisch die Zeit ist. Und ihnen wurde weisgemacht, dass das Leben so und alles ein großer Wettkampf sei: Zentralabitur, Vergleichbarkeit, klare Ja- oder Nein-Fragen. Bitte nicht aus der Reihe tanzen. Straff organisiert, lassen sich die Lerninhalte von Jahren auf wenige Monate verdichten. *(Was auch bei der Verkürzung von acht auf fünf Arbeitsstunden gelingt, mehr dazu im nächsten Kapitel.)* Mit G12 kam der Begriff »Effizienz« groß in Mode. Mit dem eingesparten Schuljahr wurden entweder Vorsprungspunkte an der Uni gesammelt, lebenslauftaugliche Kompetenzen im Ausland erworben oder soziales Engagement unter Beweis gestellt. Oder man klärte auf eigenen Wegen, wozu im durchgetakteten Schulalltag keine Zeit blieb. Was man vom Leben erwartete und zu welchen Zielen es führen sollte. Und wie man, wenn man es schon musste, sich sein Berufsleben vorstellte.

Wir lernten nicht, wie wir arbeiten *sollten*. Wir machten uns Gedanken, wie wir arbeiten *wollten*. Und auch wenn das abgehängte Schuljahr jetzt vielfach wieder angekoppelt wurde: Dabei bleiben wir.

Wir fürchten uns nicht vor Technik – wenn sie uns nützt und Spaß macht.

Es gibt eine Vielzahl von Studien, die sich mit der Generation Y befassen. Fast alle sind sich darin einig, dass die Ypsiloner die

Arbeitswelt verändert haben – vor allem aufgrund ihrer Aufgeschlossenheit gegenüber den neuen Technologien.

Wir wurden in die digitale Welt hineingeboren und sind in und mit ihr groß geworden. Wir sind fasziniert davon, heute etwas tun zu können, was uns gestern noch nicht möglich war. Fortschritt ist ein Versprechen und keine Bedrohung wie für unsere Eltern und die Sekretärin meines Vaters. Die erste Frage nach der Ankündigung eines neuen Smartphones heißt nicht: »Brauche ich das?«. Sondern: »Was kann das?«

Die Angehörigen der Generation Y sind zumindest in Deutschland von frühester Kindheit an verwöhnt worden. Viele sind von Hause aus materiell gut abgesichert. Auf der anderen Seite sind unsere Zukunftsaussichten alles andere als rosig. Wir werden voraussichtlich bis zu unserem siebzigsten Lebensjahr arbeiten müssen und trotzdem nicht den Lebensstandard unserer Eltern halten können.

Schon allein deswegen müssen wir mit unseren Kräften haushalten. Schaffe, schaffe, Häusle baue bis dreißig, dann Kinder kriegen und großziehen bis fünfzig und ab fünfundfünfzig im Vorruhestand den Hobbys frönen – das funktioniert für uns nicht mehr. Wer heute unter vierzig ist, weiß, dass ihn seine Erwerbstätigkeit den allergrößten Teil seines Lebens begleiten wird. Schon deswegen sind wir wählerisch und arbeiten nicht irgendwas, sondern suchen nach einem Job, mit dem wir uns identifizieren können und dessen Rahmenbedingungen uns genügend Energie und Freiraum lassen, um unsere Work-Life-Balance tatsächlich im Gleichgewicht zu halten. Berufung als Beruf. Arbeitgeber, die unsere Werte teilen und mit denen wir uns nicht nur fachlich, sondern auch persönlich identifizieren können.

Die meisten jungen Paare wollen sich die Familienarbeit teilen. Dafür brauchen sie Zeit.

Und noch etwas hat sich mit unserer Generation gewandelt. Frauen streben ebenso nach einer beruflichen Karriere wie die Männer. Männer nehmen ebenso Elternzeit wie die Frauen. Nicht nur die Lohnarbeit und der Gelderwerb wird gerechter zwischen den Geschlechtern aufgeteilt, sondern auch die Familienarbeit. Auch darum ist die Renovierung des heruntergekommenen Arbeitszeitmodells Nine to Five dringend geboten. Wofür im Übrigen nicht nur ich stehe, sondern auch die Jury des »Chefsache-Awards«, die uns 2018 für die Einführung des Fünf-Stunden-Tages als erste Agentur in Deutschland ausgezeichnet hat.

Vor allem aber deshalb, weil wir uns – bedingt durch all die Umbrüche vor und neben uns – immer wieder neu positionieren müssen. Wenn sich schon alles um uns verändert, na, dann machen wir doch mit!

Mit Bewunderung denke ich dabei an meine Schwester. Sie hat viele Jahre sehr erfolgreich als Juristin und Teamleiterin in großen Konzernen gearbeitet. Mit Ende dreißig hat sie begonnen, die Belastung und den Stress in Frage zu stellen. Sie nahm ein Sabbatjahr und hat in dieser Zeit für sich viel Klarheit gewonnen. Anschließend hat sie ihr Leben neu sortiert. Sie hat ihren Job gekündigt, sich selbstständig gemacht und ist heute glückliche Mutter zweier wunderbarer Kinder. In früheren Jahren hätte jemand in ihrer Situation vielleicht gedacht: Mir stinkt es zwar, aber die zehn, fünfzehn, vielleicht zwanzig Jahre halte ich noch durch, und dann ist es ja eh vorbei mit dem Arbeiten. Aber wir sind nicht die Generation der Lebensversicherungsnehmer und Wunschzettelschreiber. Wenn uns etwas nicht gefällt, ziehen wir die Reißleine. Es wird schon gehen. Irgendwie.

Auch mir ist meine Familie unglaublich wichtig. Ich will Zeit mit meinen Kindern verbringen. Ich will zusehen, wie sie sich von Kindern zu jungen Erwachsenen entwickeln, und ich will, genau wie meine Frau, aktiv darauf Einfluss nehmen. Meiner Frau die Last und die Lust der Familienarbeit allein zu überlassen und lediglich für ein gutes Familieneinkommen zu sorgen, halte ich für überholt und kommt für mich überhaupt nicht in Frage.

Die Generation Y lebt Geschlechtergerechtigkeit so konsequent wie keine vor ihr. Männer möchten nicht nur im Beruf, sondern auch in der Familie mitgestalten. Frauen streben nach Karriere wie Männer und möchten in Beruf und in der Familie Verantwortung übernehmen. Beides geht nur, wenn sie in beiden Sphären präsent sind. Das verstehen wir unter einer ausgeglichenen Work-Life-Balance.

Alle diese Entwicklungen kommen nicht über Nacht und voller Lärm daher, sondern schleichend und leise. Vielleicht wird meine Generation in der Rückschau für mehr gesellschaftliche Umwälzungen verantwortlich sein als lautere, wildere vor ihr, vielleicht sogar berühmter als die 68er. Ich bin mir sicher, dass wir uns nicht nur mit dem technologischen Wandel identifizieren und ihn weiter voranbringen, sondern auch die Herausforderungen meistern werden, die damit auf die Gesellschaft zukommen. Immer mehr von uns gelangen in Positionen, wo sie diesen Wandel aktiv gestalten können. Entweder als Manager in Unternehmen und Organisationen oder wie ich als Unternehmer und Arbeitgeber. In jedem Fall häufig als Querdenker, die den Status quo hinterfragen und neue Antworten liefern.

In den Medien kommt meine Generation groß raus. Und wann in der Wirtschaft?

Der kritische Blick auf die eigenen Arbeitsumstände und die mutige Bereitschaft, daran etwas zu ändern, wie es meine ihrer Zeit voraus laufende Schwester gewagt hat, ist in der Generation Y weit verbreitet. Wir verändern uns viel und gern. »Neu ist immer besser« lautet die Lebensphilosophie von Barney Stinson aus *How I met your Mother*, einer Sitcom, die das Denken meiner Generation sehr gut zum Ausdruck bringt. Frauenheld Stinson bewegt sich in der Serie von einem One-Night-Stand zum nächsten. Er will sich nur ja nicht auf eine Beziehung ein- und an einem Ort dauerhaft niederlassen. Nichts stresst ihn mehr als der Gedanke an eine langfristige Bindung. Sein Freund und Counterpart Ted Mosby hält es im Prinzip genauso, wenn auch mit einem anderen Ziel. Auf der Suche nach der zukünftigen Mutter seiner Kinder stromert er durch das New Yorker Singleleben und verwirft eine Beziehung nach der anderen, weil die jeweilige Frau nicht die perfekte Partnerin ist, die er sich wünscht. Beiden gemein ist: Sie brauchen und wollen sehr viel Zeit für ihr Privatleben. Mit einer 40-Stunden-Woche muss man ihnen gar nicht erst kommen.

Im Arbeitsleben halten wir es genauso. Freiheit und Flexibilität sind höchste Werte. Bloß nicht festlegen! Wer weiß schon, ob an der nächsten Ecke nicht etwas viel Besseres steht. Deshalb lautet die häufigste Antwort auf eine Einladung: »Ich schau mal …«. Es könnte ja ein noch spannenderes Angebot kommen.

Bald geht die Generation Z an den Start. Und die ist ganz anders. Bis auf ihren Wunsch nach mehr Zeit für sich ...

Wenig später hatte ich das komplette Gegenteil dieses Verhaltens vor mir. Ein junger Mann, kaum über zwanzig, bewarb sich um einen Ausbildungsplatz und erklärte mir allen Ernstes, er sei nur dann bereit, bei Rheingans Digital Enabler eine Ausbildung zu absolvieren, wenn ich ihm *vor* Abschluss des Vertrages eine Festanstellung für die Zeit *nach* dem Ausbildungsabschluss garantieren könne. Ohne eine verbindliche Zusage müsse er sich leider für ein anderes Unternehmen entscheiden.

Hier kündigt sich die Generation Z an, die ab dem Jahr 1995 zur Welt gekommen ist.

Während ihre Vorgängergeneration Y die Schule hinter sich und viele bereits in Führungspositionen befördert hat, steht die für Personaler interessante Alterskohorte der 17- bis 23-Jährigen noch in den Startlöchern.

»Z« ist kein wirklich origineller Name, sondern nur die logische Fortschreibung der alphabetischen Reihe. Soweit es sich erkennen lässt, wird das auch keine ungewöhnlich originelle Generation. Sie beginnt mit dem Geburtsjahrgang 1995. Die ältesten Vertreter dieser Spezies sind Anfang bis Mitte zwanzig und haben einen Bachelor oder Ausbildungsabschluss in der Tasche. Auch auf diese Generation müssen wir uns als Arbeitgeber einstellen. Denn jetzt schon zeichnet sich ab, dass sich die Youngster in wesentlichen Punkten von der Generation Y unterscheiden.

Nicht in allen, selbstverständlich. Ebenso wie die Gen Y beansprucht die Gen Z das Recht, allein zu entscheiden, was, wo und vor allem wie sie arbeiten möchte. Wer wollte ihr das auch verwehren, ist sie doch auf dem Arbeitsmarkt überaus begehrt und wird dringend gebraucht.

In dieser Generation stecken all die Auszubildenden, die von den Firmen händeringend gesucht und partout nicht gefunden werden. Mit den herkömmlichen, von der Generation Y schon ausgedehnten Angeboten erreicht man sie einfach nicht. Weil für die ganz Jungen der Sinn der Arbeit nicht der ist, Geld zu verdienen. Sie haben richtig gelesen: Geld verdienen steht bei ihnen nicht an erster Stelle. Mit Jobs, denen sie keinen Sinn zuweisen können, tun sie sich schwer. Die heute 17 bis 23 Jahre alten Männer und Frauen wollen nicht nach der Arbeit glücklich sein, sondern auch währenddessen. Sie wollen sich nicht nach der Arbeit ehrenamtlich für ihre Interessen engagieren, sondern genau das hauptberuflich tun. Trotz bekanntlich eher schmaler Vergütung kommt das Deutsche Rote Kreuz im Schülerranking der 100 beliebtesten Arbeitgeber auf Platz 12 und liegt damit vor Flugzeugbauer Airbus, dem ZDF und der Deutschen Bahn.

Jetzt staunen Sie, oder? Wenn nicht, haben Sie bestimmt solch einen Glückssucher in der Familie.

Das Streben nach Glück spielt seit jeher eine wesentliche Rolle im Leben der Menschen. Für die jüngste Generation hat dieses Ziel mehr Einfluss auf Jobentscheidungen denn je. Man kann das verstehen – sehen sie doch in ihren Eltern die Prototypen der unablässig rackernden X-er vor sich. Und auch das, was ihnen all die aufgewendete Mühe und die an den Tag gelegte Disziplin gebracht haben: Schmale Renten, kaum zu bezahlende Mieten und Wertverfall der Ersparnisse. Wer kann es den jungen Menschen verdenken, wenn sie für sich beschlossen haben: »Arbeit nur für Geld lohnt sich nicht.«

Weshalb ich das so gut verstehen kann: Auch bei mir selbst ist diese Denkweise immer wieder aufgeblitzt. All der Stress und der gefühlt drohende Burnout während der ständigen Querelen mit meinen Mitgesellschaftern in meiner ersten Agentur hatten mich schon damals zu der Einsicht geführt, dass Geld und Status wenig hilfreich sind, wenn ich dafür im Job unglücklich bin.

Auch ich habe in meiner Arbeit glücklich sein wollen. Insofern: Good Luck, Kids.

Was uns Menschen glücklich macht (– nicht unser Job!)

Nur etwa die Hälfte unseres Glückspotenzials können wir durch aktives Tun erschließen. Die andere Hälfte wird von unseren Genen gesteuert. Damit wir überhaupt so etwas wie Glück empfinden können, müssen unsere Grundbedürfnisse erfüllt sein. Nach dem Weltglücksbericht der UNO aus dem Jahr 2012 gehört dazu, dass man mindestens 2 500 Kalorien am Tag zu sich nehmen und 100 Liter Wasser verbrauchen kann, dass man sechs Quadratmeter Wohnraum hat und mindestens sechs Jahre zur Schule gehen darf. Darüber hinaus sei es wichtig, stabile Beziehungen zu anderen Menschen zu haben, Freundschaften zu pflegen, gesund zu sein und einen Beruf zu haben, der den eigenen Fähigkeiten angemessen ist.

Auf der Welt ist man unterschiedlich glücklich. Besonders hoch ist der Glücksindex in Dänemark, Finnland, Norwegen und den Niederlanden. Besonders niedrig ist er in afrikanischen Krisenländern. Reichtum erhöht die Fähigkeit zum Glücklichsein nur bis zu einem bestimmten Grad. Denn wer reich und erfolgreich ist, vergleicht sich offenbar gern mit noch reicheren und noch erfolgreicheren Menschen, wird missgünstig – und Neid macht bekanntermaßen unglücklich. Besonders glücklich sind Menschen, die sich für andere engagieren, sei es ehrenamtlich oder im Beruf.

Die Schlussfolgerung der von der UNO beauftragten Wissenschaftler lautet: »Solange es kein hohes Niveau von Altruismus und Vertrauen untereinander gibt, kann eine Gesellschaft nicht glücklich sein.« Nicht umsonst hätten Weise von Buddha bis Rousseau seit jeher dazu aufgerufen, den Zustand des Glücks hauptsächlich durch gute Taten anzustreben. Am besten durch immer wieder neue, andere gute Taten. Denn das Glück nutzt sich durch Gewöhnung ab. »Wer ständig glücklich sein will, muss sich oft verändern«, wusste schon Konfuzius.

Antworten auf die Frage »Wie oft waren Sie glücklich in den vergangenen vier Wochen?« nach Altersgruppen, Umfrage in den EU-Mitgliedsstaaten im Jahr 2013.

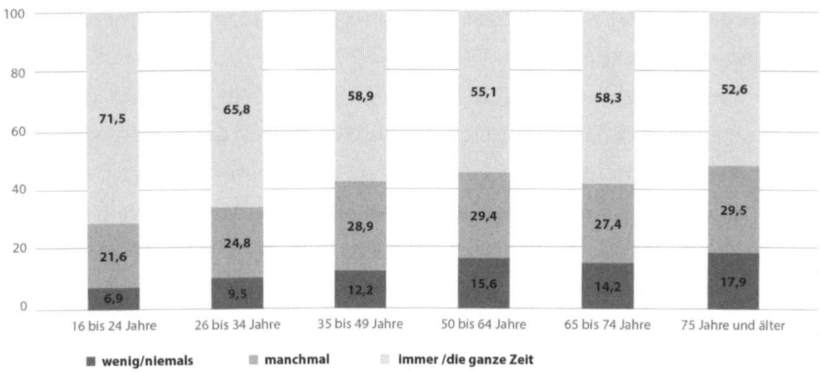

Die glücklichen Jungen

Quelle: Eurostat (EU-SILC 2013)

Zwischen 1995 und 2005 wurden in Deutschland weniger als neun Millionen Menschen geboren. Sie sind jetzt zwischen 14 und 24 Jahren alt. Der demografische Wandel sorgt dafür, dass sie hart umworben werden. Sie müssen die Lücken füllen, die sich auftun, wenn die Babyboomer in Rente gehen. Als Arbeitgeber bin ich gut beraten, mich damit zu befassen, was diese jungen Menschen bewegt. Damit ich weiß, was sie sich wünschen, wenn ich die Besten aus ihren Reihen für mich gewinnen will.

Um auch in Zukunft kreative Köpfe für sein Unternehmen zu gewinnen, muss man am Puls der Zeit bleiben und lernen, wie der Nachwuchs tickt. Und sei es der von übermorgen.

Eines der Hauptmerkmale der Generation Z ist ihre Suche nach Beständigkeit und Sicherheit. Anders als ihre wechselfreudigen Vorgänger *wollen* sich diese jungen Leute festlegen. Am liebsten früh und für alle Zeiten.

Der bei Schülern begehrteste Arbeitgeber war 2018 laut dem Trendence Schülerbarometer: die Polizei. Wegen des sicheren Beamtenjobs, nicht wegen des Glücksversprechens im Beruf. Die Bundeswehr kam auf Rang drei. Auch die öffentliche Verwaltung, der Zoll und das Auswärtige Amt schafften es in die Top 20.

Dieses Bedürfnis nach festen Regeln, Struktur und Sicherheit kommt nicht von ungefähr. Die Eltern dieser Kids haben die Welt als einen recht angenehmen Ort erlebt, obwohl sie sich ständig neuen Krisen, Katastrophen und dem Klimawandel gegenüber sahen. Ihre Arbeitswelt verändert sich am laufenden Band. Einen Job auf Lebenszeit haben sie nur in Ausnahmefällen. Sie haben sich an die wachsende Unsicherheit um sie herum gewöhnt, sie nahmen den Schrecken nur wie durch Milchglas wahr. Dieses Lebensgefühl prägte die Familien und damit auch die darin aufwachsenden Kinder.

Fernsehen ist für diese Jugendlichen eine sehr ferne Kleinkinderinnerung. Geprägt wurde diese Generation durch TV-Serien wie *Meine peinlichen Eltern.* Von der australischen Serie wurden 2006 und 2007 zwei Staffeln gedreht. Hauptfigur ist die 11-jährige Taylor Fry, deren Eltern Don und Glenda nicht nur überaus freizügig und ein bisschen durchgeknallt sind, sondern zu allem Überfluss auch noch einen Laden für Unterwäsche betreiben. Taylor muss sich mit dem spätpubertären Verhalten ihrer Eltern

20.000 Schüler haben im Trendence Schülerbarometer diese Unternehmen zu den attraktivsten Arbeitgebern 2018 gewählt.

Rang	Arbeitgeber	Prozent	Tendenz
1	Polizei	16,20%	→
2	adidas	14,40%	→
3	Bundeswehr	12,70%	→
4	BMW Group	9,80%	→
5	AUDI AG	8,50%	→
6	Daimler/Mercedes-Benz	8,10%	↗
6	MICROSOFT	8,10%	→
8	Porsche AG	7,80%	↙
9	Zoll	7,20%	↗
10	Lufthansa Group	6,40%	→

Das Ranking der Top-Arbeitgeber der Schüler

Quelle: trendence.com

herumschlagen und dient damit als Projektionsfläche für ein Gefühl, das viele Teenager teilen: Sie empfinden das Verhalten ihrer Eltern als unvernünftig, freizügig, inkonsequent und wenig durchdacht, kurz: als peinlich. Sie sehnen den Tag herbei, an dem sie aus der Schule entlassen werden und sich nicht mehr für ihre Eltern schämen müssen.

Dennoch geben die meisten Schüler, Studierenden und Auszubildenden bei Umfragen an, dass sie ihre Kinder einmal genauso oder ähnlich anleiten wollen, wie sie selbst erzogen worden sind. Sie rebellieren nicht gegen ihre Eltern – zumindest nicht außerhalb der Pubertät. Für sie sind es geschätzte Ratgeber und enge Bezugspersonen – auch wenn sie im täglichen Leben manchmal nerven. Das unterscheidet die Generation Z deutlich von der in großen Teilen rebellischen Generation X.

Wie geht man mit den Digital Natives um?

Wer seine Eltern nicht als positive Autorität betrachtet, sondern im besten Fall als Kumpel und im schlechtesten Fall als schrägen Kindskopf, geht davon aus, dass er es später im Job mit Chefs zu tun haben wird, die diesem Phänotyp gleichen. Das bedeutet: Die Zeit der Anweisungen ist definitiv vorbei. Jugendliche betrachten sich den »Machthabern« als in jeder Beziehung gleichgestellt. Wer sie für sein Unternehmen begeistern will, muss ihnen auf Augenhöhe begegnen und sich für ihre Wünsche öffnen. Sonst riskiert er, just von den Mitarbeitern umgangen zu werden, die für ihn wertvoll sind. Unternehmen wie wir sind im besonderen Maße auf den jungen, technikaffinen und kreativen Nachwuchs angewiesen.

Unternehmen müssen ihre Firmenkultur auf einen partnerschaftlichen Führungsstil umstellen, wenn sie junge Mitarbeiter gewinnen und halten möchten. Ansonsten wird jemand vielleicht wegen des Renommees und der Versprechungen anfangen – und wegen des Chefs wieder ganz schnell kündigen.

Die verkürzte Arbeitswoche bei vollem Gehalt kommt den jungen Menschen sehr entgegen. Aber damit sie funktioniert, muss das Regelbuch der Führung umgeschrieben werden.

Im September 2018 war ich als Panel-Teilnehmer beim Reeperbahn-Festival in Hamburg eingeladen. Im Gespräch auch mit den Zuhörern wurde diskutiert, welche Chancen Unternehmen künftig noch haben, deren leitende Alphamänner zur Ansage neigen und die Interessen ihrer Mitarbeiter hinten anstellen. Das Publikum und ich waren uns einig: Diese Chefs werden zugrunde gehen. Weil niemand für sie arbeiten wollen wird.

Bei uns zu Hause gab es in den 1980er Jahren den ersten Computer. Ich bin mit Modem und Monitor aufgewachsen. Damit gehöre ich zu den Digital Natives, und das hat sicher auch meine Berufswahl beeinflusst. Wenn ich allerdings die heute 20-Jährigen ansehe, staune selbst ich darüber, wie sehr die digitale Welt in ihren Alltag verwoben ist.

Wir, meine Generation, sind fasziniert von Technik. Wir haben in unserer Jugend Meilensteine der Unterhaltungselektronik erlebt und begeistert aufgenommen. Die Vorstellung jedes neuen iPhones war eine Sensation, für die wir uns gern die Nacht um die Ohren geschlagen haben, um die Präsentation des Apple-Chefs im Internet live mitzuerleben. Die Älteren staunen über Social Media und machen sich Sorgen, was mit unseren Daten geschieht. Für uns sind wir selbst die Daten und Facebook und Instagram das zweite Zuhause. Und für die Jungen, die sich gerade für den Arbeitsmarkt warmlaufen, ist es schon beinahe das erste.

Im Körper eingebautes WLAN – das wäre etwas

16- und 17-Jährige aus Münster oder Gauting wundern sich kein bisschen darüber, wenn sie in San Francisco und Mumbai von ihren Smartphones durch das Straßengewirr navigiert werden. Mit ihrem Handy kommen sie durch die ganze Welt, und mit der App steuern sie die Beleuchtung und die Musikanlage in ihren Zimmern. Sie schmunzeln über ihre Eltern, die Bordkarten ausdrucken statt sie auf dem Mobiltelefon zu speichern.

Die Kehrseite der Medaille: Fehlen Internet und funktionierendes WLAN, stürzt die Motivation der vom Arbeitsmarkt sehnlich erwarteten Talente bis weit unter den Gefrierpunkt ab. Wenn sie eine ständige Internetverbindung implantiert bekommen könnten, wären sie sofort dabei.

Für die Digital Natives 2.0 ist eine Welt ohne digitale Mediennutzung nicht mehr vorstellbar. Ihre Generation hat die Fähigkeit entwickelt, soziale Bindungen in digitaler Kommunikation zu leben. Gleichzeitig hat sie eine kritische Distanz zum Medienverhalten ihrer Eltern.

	Generation Y	Generation Z
Jahrgang		
	1980 bis 1995	1995 bis 2010
Hauptmerkmale		
	Flexibilität	Sicherheit
	Leistungsbereitschaft	Struktur
	Ehrgeiz	Wohlfühlen
Beruf und Freizeit		
	Work-Life-Blending	Work-Life-Separation
	Arbeit muss mit Familie vereinbar sein	Arbeit muss zur Familie passen
	Teilzeitmodelle	Keine Wochenendarbeit
Internetnutzung		
	Intensiv	Hochintensiv
	Laptop	Smartphone
	Webseiten und E-Mail	Clouds und Apps

Generation Y und Z im Vergleich

Quelle:Statista 2018

Ein für Arbeitgeber wichtiger Punkt freilich unterscheidet die Generation Z von mir und meinen Altersgenossen:

Wenn Mama vom Mittagstisch aufspringt, weil ihr Chef anruft, und wenn Papa im Urlaub keine Zeit zum Fußballspielen hat, weil er erst noch ein paar E-Mails beantworten muss, dann ist das für die Kinder nervig und kränkend. Sie fühlen sich zurückgesetzt und nicht wertgeschätzt. Ihre (psycho-)logische Konsequenz ist es, sich vorzunehmen: »Das machen wir später anders.« Arbeit soll für sie wieder da sein, wo sie hingehört, und das ist das Büro, der Laden oder die Werkshalle – jedenfalls nicht das private Zuhause. Die Generation Z will und wird Arbeit und Leben wieder strikt voneinander trennen. Homeoffice als Ausdrucksform von »Ich kriege Familie und Arbeit unter einen Hut« wird eine Übergangserscheinung sein.

Die 25-Stunden-Woche kommt den Generationen Y und Z unglaublich entgegen

Um unsere Arbeit bei Rheingans Digital Enabler, für die wir vorher mindestens acht Stunden täglich aufgewendet haben, in fünf Stunden zu erledigen, mussten wir als eine der ersten Maßnahmen – aber es gehören noch viele mehr dazu, wie ich gleich beschreiben werde – sämtliche Zeitfresser aus dem Büro verbannen. Uns allen, die wir ausnahmslos der technikaffinen Generation Y angehören, gab das gerade am Anfang ein merkwürdiges Gefühl. Ich selbst war während der ersten Wochen höchst irritiert, dass ich während der Arbeit nicht mehr ab und zu bei Facebook oder *Spiegel Online* reingeschaut oder bei LinkedIn neue Meldungen gecheckt habe. Doch die Ersparnis an Zeit, die diese bewusste Ablenkungsabstinenz mit sich bringt, ist tatsächlich gewaltig. Es geht hierbei nicht einmal um die tatsächliche Zeit, sondern vielmehr um die Zeit, die benötigt wird, um sich in die Arbeit wieder einzufinden, der sogenannte »Attention Residue« *(Mehr dazu in Kapitel 4.)*

Seit anderthalb Jahren halte ich immer wieder Vorträge über unser Arbeitszeitmodell. Einmal stichelte ein Herr in mittleren Jahren, ob der Fünf-Stunden-Tag nicht nur unserer Faulheit geschuldet sei. Ich erwähnte das bereits, aber weil der Vorwurf immer wieder kommt, schadet es nichts, ihn in Grund zu Boden zu argumentieren. Sind wir faul, wenn wir nur 25 Stunden in der Woche arbeiten möchten? Motiviere ich meine Mitarbeiter etwa zum Chillen statt zu Leistung? Nein. Nein. Nein. Das Gegenteil ist der Fall. Entweder schaffen wir unsere Arbeit in fünf Stunden. Oder wir werden als Unternehmen vom Markt gefegt. Das ist die Alternative. Ob unsere Entscheidung cool ist, müssen andere beurteilen.

Mehr freie Zeit für Familie, Freunde und sich selbst sind der Traum der jungen Generationen Y und Z. Ich weiß das deshalb so genau, weil das auch mein Traum war. Mir zu Bewusstsein gekommen ist er bei meinem Studienaufenthalt in Australien. Australien ist ein junges Land. 2015 lag das Durchschnittsalter der Bevölkerung bei 37 Jahren. In Deutschland war es 44. Im bewussten Erleben der berühmten australischen Lässigkeit habe ich erfahren, wie entspannt es sein kann, zeitlich selbstbestimmt zu arbeiten. Sich am späten Nachmittag zum Surfen oder Sonnenbaden aus dem Büro zu verabschieden, zeugt weder von Faulheit noch von besonderer Coolness. In Australien ist das völlig normal.

Bei jungen Europäern stößt »Work and Travel« in Australien und Neuseeland auf wachsende Begeisterung. Gewiss hat der eine oder andere bei der Rückkehr ein Stück australisches Easy Going im Gepäck. Er wird es nicht mehr hergeben.

Statt die Jungen zwischen Zeit oder Geld wählen zu lassen, sollte man ihnen beides geben

Alle Unternehmen, ganz besonders aber die Betriebe des Mittelstands, werden nicht umhin kommen, die Wünsche und Lebensentwürfe der nachwachsenden Arbeitnehmer ernst zu nehmen. Dazu müssen sie sich aber auf sie zu bewegen! Das Einkommen zu erhöhen, steigert auf Dauer nicht die intrinsische Motivation. Aber das Geld, das man der knapperen Ressource Arbeitskraft ohnehin bezahlen muss, für die Verkürzung der Arbeitszeit aufzuwenden, ist das eine kluge Investition. Weil sie bei jungen High Potentials die inneren Antriebskräfte befeuert. Das und nur das lässt uns unseren Erfolg auf Dauer bewahren.

Nur vordergründig ist der Fünf-Stunden-Tag ein Geschenk an die Mitarbeiter. In Wahrheit ist er unsere Überlebensstrategie. Denn fünf Stunden arbeiten heißt bei uns fünf Stunden arbeiten. Wer die mit Bravour hinter sich bringt, hat den Feierabend mehr als verdient.

Kapitel 4

Das Experiment

Wie wir uns aufgemacht haben, in fünf Stunden das zu schaffen, wofür andere acht Stunden brauchen

Im Sommer 2017 stand ich kurz davor, meine Idee von der gelungenen Zusammenführung von Arbeitserfolg und Arbeitszufriedenheit in Angriff nehmen zu können. Der Arbeitserfolg lässt die Unternehmer strahlen, die Arbeitszufriedenheit sorgt für glückliche Mitarbeiter, also verspricht der Fünf-Stunden-Tag ein echtes Win-win. Beides zusammen sorgt für glückliche Kunden. So wie Richard Branson es schon formuliert hat: Kümmere dich um deine Mitarbeiter, dann werden sie sich um deine Kunden kümmern. Ich befand mich in den letzten Verhandlungszügen über den Kauf einer kleinen Agentur in Bielefeld, die für ihre Kunden Dienstleistungen in und um Intranet und Internet erbringt. Hier, wenn Sie so wollen: auf meiner eigenen Spielwiese, würde ich das Experiment wagen und zusammen mit meinen Mitarbeitern ausprobieren können, ob es gelingt, die Arbeit eines Acht-Stunden-Tages ohne Abstriche in Qualität und Tempo in nur noch fünf Stunden zu erledigen.

Ich bin zwar ein Idealist, aber blauäugig bin ich nicht. Mir war klar, dass eine solche Umstellung nicht von heute auf morgen zu schaffen sein würde. Deshalb wollte ich die Sache langsam angehen lassen. Und das war auch gut so. Denn so rund, wie ich gehofft hatte, lief der Fünf-Stunden-Tag am Anfang nicht. Schuld daran waren nicht die Menschen, die für mich tätig waren. Nein, die Verantwortung dafür trug ich, Lasse Rheingans, zum zweiten Mal Unternehmer und Initiator der Arbeitszeitverkürzung ohne Gehaltsabzug.

Vor der Einführung des Fünf-Stunden-Tages habe ich viele Monate gegrübelt, ob und wie so etwas überhaupt funktionieren kann. Unter welchen Bedingungen könnte man die Arbeit so verdichten, dass nicht mehr Profit für den Unternehmer, sondern mehr Freizeit für den Unternehmer und seine Mitarbeiter dabei herausspringt? Welche Art von Menschen brauche ich dafür an meiner Seite? Welche Kompetenzen sollten sie mitbringen? Wie werden die Kunden reagieren? Werden wir das Modell beibehalten können, wenn der erste Rausch des Neuen verflogen ist? Und was ist, wenn die Konjunktur zusammenkracht?

Die Ereignisse in unserem ersten Geschäftsjahr 2017/18 sind tief in meine Erinnerung eingebrannt. Sie als Leser werden es nachempfinden, wenn ich Ihnen gleich die Frage beantworte, die mir jeder, aber wirklich jeder Journalist ganz am Anfang stellt: wie es zu unserem Fünf-Stunden-Tag gekommen ist. Es ist die Geschichte von Rheingans Digital Enabler, einem kleinen, selbstverständlich wirtschaftlich getriebenen Digitaldienstleister im Herzen Ostwestfalens, dessen neuer Inhaber von der fixen Idee besessen ist, dass es aus vielerlei Gründen klug sein kann, manche Dinge anders zu tun, als sie aus Tradition heraus getan werden …

September 2017

Morgens bringe meist ich eine meiner Töchter mit dem Auto zur Schule. Nicht, weil ich mich gerne in die Helikoptereltern-Schlange eingliedern möchte, sondern weil die Schule weder zu Fuß noch mit Bus und Bahn gut erreichbar ist. So tat ich es auch am Mittwoch, dem 20. September 2017. Nachdem ich ihr zum Abschied zugewinkt hatte, fuhr ich in die Bielefelder Altstadt, suchte mir einen Parkplatz, was um diese Zeit noch ein Kinderspiel war, stieg aus, schloss ab und ging mit beschwingten Schritten in ein nahe gelegenes Café. Vor mir lag ein Blind Date, und darauf freute ich mich trotz Aufregung wie ein Schneekönig. Denn zum ersten Mal sollte ich die Menschen kennenlernen (und sie mich), mit denen ich schon bald eine gemeinsame Geschichte schreiben und eine neue Digitalagentur auf die Beine zu stellen gedachte.

Das Café – bevor ich mein Team kennenlernen sollte

Denn ich, Lasse Rheingans, australophiler Bielefelder, begeisterter Familienvater und Medienwissenschaftler mit Expertenwissen in digitaler Medienproduktion, würde zum 15. Oktober 2017 eine am Ort eingeführte Digitalagentur übernehmen. Nach zehn Jahren als Agenturchef mit zwischenzeitlich drei anderen Gesellschaftern meine erste ganz und gar eigene Firma. Wow!

So stand es im Kaufvertrag, den ich am 15. September 2017 mit den Noch-Firmenchefs vereinbart hatte. Wobei ich genau wusste: Das wichtigstes Asset der Firma waren (und sind es immer noch) die dort angestellten talentierten und engagierten Designer*innen, Entwickler*innen und Berater*innen. Wie üblich in Berufen, die erst mit der Digitalisierung entstanden waren, waren die Mitarbeiter durchgehend jung, etwa zwischen Mitte zwanzig und Anfang dreißig. Ich mit meinen damals 36 Jahren war der Senior. Egal. Nach allem, was ich aus sämtlichen vorangegangenen Gesprächen und Erfahrungen wusste, war das ein motiviertes, eingespieltes Team. Ich brachte gute Ideen, andere Erfahrungen und neue Perspektiven mit. Das passte.

Ich sah diesem Meeting, dem ich gewissermaßen nur als Gast beiwohnte, mit enorm großer Spannung entgegen. Denn kein einziger der jungen Frauen und Männer, denen mich die im Absprung begriffenen Chefs gleich vorstellen wollten, hatte auch nur den Anflug einer Ahnung, dass die Agentur einen neuen Eigentümer bekommen würde. Und sie in knapp drei Wochen einen neuen Chef.

Entsprechend sorgfältig hatte ich das Setting und die Agenda dieses Meetings geplant. Ich hatte dafür sogar einen Coach engagiert und mit ihm penibel geplant, wie der Termin optimal laufen würde – der richtige Zeitpunkt, der richtige Ort, die richtige Atmosphäre, die richtige Agenda, mit Bedacht ausgewählte Worte. Mein oberstes Ziel hatte ich klar an ihn kommuniziert: »Kein einziger Mitarbeiter soll von Bord gehen. Im Gegenteil: Sie sollen mich als nahbare Person kennenlernen und Lust bekommen, mit mir in der neuen Firma zusammenzuarbeiten.« Auf dem Arbeitsmarkt sind solche Profis heiß begehrt. Keinesfalls durfte ich riskieren, dass der eine oder die andere den Eigentümerwechsel mit einer Kündigung quittieren würde. Schließlich bestand ein großer Teil des Kaufpreises für die Firma in der Kompetenz und den Erfahrungen dieser Mitarbeiter. Mein oberstes Ziel war, sie von mir als neuem Chef und von meinen Ideen zu überzeugen, sie für mich und meine neue Firma zu gewinnen.

Wobei für mich damals schon felsenfest stand, dass ich nach einer wie auch immer langen Phase des gegenseitigen Beschnupperns den Fünf-Stunden-Arbeitstag einführen wollte. Ich hatte das Buch von Stephen Aarstol (*The Five-Hour Workday: Live Differently, Unlock Productivity, and Find Happiness*, 2. Auflage 2016) und zahllose in dieselbe Richtung gehende Studien gelesen und mir längst vorgenommen: Wenn du mal deine eigene Firma hast, dann probierst du das aus! Nur wollte ich diesen Vorsatz erst mal für mich behalten. »Neuer Firma, neuer Chef und dann gleich ein neues Arbeitszeitmodell«, hatte ich mir überlegt, »das ist zu viel auf einmal. Erst mal sehen, wie's läuft.« Erst die neuen Kollegen mit ihren Kompetenzen und Arbeitsweisen sowie die bestehenden Kunden und Projekte kennenlernen – und dann einen geeigneten Zeitpunkt für diesen Bruch im Arbeitsalltag finden.

Das erste Meeting: »Auf gute Zusammenarbeit!«

Für das Treffen hatte ich in dem kleinen Café einen separaten Raum gemietet. Nach einer kurzen Begrüßung, welche die offensichtliche Neugier der Versammelten nur noch anfachte, nahm ich mir viel Zeit, meine persönlichen Erfahrungen, meinen Werdegang, meinen Antrieb im Privaten wie Beruflichen zu erklären. Woher komme ich? Wofür stehe ich morgens auf? Was habe ich bisher alles gemacht? Wer bin ich? Dies war ein wichtiger Teil der erarbeiteten Agenda – Vertrauen zu mir aufbauen, auch wenn die Anwesenden noch gar nicht wussten, was ich dort zu suchen hatte.

Die meisten kannten mich, wenn überhaupt, nur als den Chef einer anderen, weitaus größeren Agentur. Erst im Nachgang zu meiner einstündigen Vorstellung erklärten die früheren Firmeninhaber kurz und bündig, dass sie die Agentur an mich, Lasse,

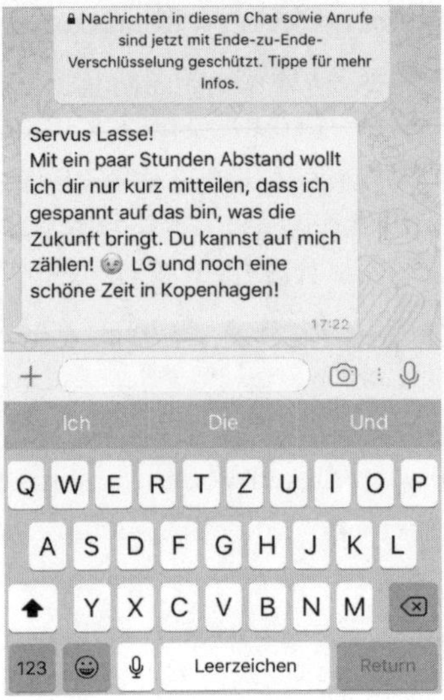

Die erfreuliche Nachricht

verkauft hatten. Das war natürlich eine Bombe. Sofort richteten sich alle Augen auf mich, und es hagelte Fragen: Wie geht's weiter? Was passiert mit der Firma? Werden Köpfe rollen? Was wird sich verändern? Natürlich hatte ich diese Reaktion erwartet und wusste, dass jetzt keine großen und langen Erklärungen mehr gehört werden würden. Daher sorgte ich mit wenigen und kurzen Sätzen dafür, dass sich die Anspannung legte: »Erst mal passiert gar nichts. Alle behalten ihren Job. Alle Verträge bleiben unverändert. Wir machen weiter wie bisher und lernen uns alle erst einmal in aller Ruhe kennen. Danach werden wir sehen, ob und was sich verändern soll. Darüber reden wir dann.« Ich gewann den Eindruck, die Leute damit beruhigt zu haben. Nach anderthalb Stunden gegenseitigen Beschnupperns haben wir uns kollegial voneinander verabschiedet: »Auf gute Zusammenarbeit!«

Zwei Tage später – ich war gerade geschäftlich in Kopenhagen unterwegs – erreichte mich eine WhatsApp-Nachricht von einem meiner neuen Mitarbeiter. Darin schrieb er, dass er die Neuigkeit zwei Tage und Nächte habe sacken lassen und dass er mir nur kurz mitteilen wolle, dass er auf jeden Fall dabei bliebe. Ich könne mich auf ihn verlassen, und er freue sich auf die gemeinsame Zukunft, auf die er gespannt warte. Ich habe mich selten so über eine Kurznachricht gefreut wie über diese.

Oktober 2017

In den ersten zwei Wochen im Oktober 2017 war ich »Praktikant« in meinem eigenen Unternehmen. Ich habe den Kollegen bei der Arbeit über die Schulter geguckt und die Atmosphäre geschnuppert, ging mit den Verkäufern auf Kundenbesuche und habe hier wie dort erklärt, was ich mit der Firma vorhabe und mit welchen Erfahrungen ich die Kunden und deren Projekte voranbringen könnte.

Zurück im Büro habe ich immer mal wieder kurze Impulsvorträge vor dem neuen Team gehalten. Meine vorrangigen Themen waren mein Verständnis von Führung, Kommunikation, Zusammenarbeit und Kundenorientierung. Es ging mir nicht um Belehrung. Vielmehr wollte ich den Mitarbeitern klar machen, wofür ich stehe, und welche Werte mir wichtig sind. Und sicher auch ein Stück weit, obwohl mir das nicht bewusst war, dass ich das Gleiche von ihnen erwarte.

Im Nachgang betrachtet: Nur zwei Wochen auf dem Ausguck waren zu kurz. Ich hätte mir mehr Zeit nehmen müssen, um die Firma, ihre Strukturen und Prozesse, ihre Kultur, ihre Mitarbeiter und ihre Kunden gründlicher kennenzulernen.

Ab dem 15. Oktober war ich alleiniger Eigentümer der Agentur. In der darauffolgenden Woche habe ich dem Team mitgeteilt, unter welchem Namen wir künftig am Markt auftreten werden: »Rheingans Digital Enabler«. Wir selbst nennen uns kurz RDE oder – nach dem Namen unserer Webseite – »Digital Enabler«. Das war's auch schon mit den Veränderungen. Wobei ich im Rückblick sehe, dass das doch nicht wenige waren. Ich hatte dem eingespielten Team einen Großteil seiner Identität genommen und durch eine neue ersetzt. Und jetzt sollte auch noch der Fünf-Stunden-Tag kommen …

Zwölf Menschen sind ein Team: Wer wir sind und was wir tun

Bei uns arbeiten Berater und Kreative Hand in Hand. Die Berater, das bin ich und das sind die Projektleiterinnen, sitzen viel mit den Kunden zusammen oder bereden am Telefon oder in persönlichen Treffen, was zu tun ist. Unsere Aufgabe ist es, das Geschäft und die Herausforderungen unserer Kunden zu verstehen und dafür digitale Lösungswege zu finden. Manche wollen sich besser organisieren, andere neue Zielgruppen erobern, wieder andere bestimmte Arbeitsschritte über eine digitale Anwendung straffen, wieder andere wollen Informationen aus dem Unternehmen transparenter darstellen oder sinnvoll miteinander vernetzen. Die Kreativen unter uns, die Designer und Entwickler, gestalten Webseiten, bauen Onlineshops, Onlineportale und Content-Management-Systeme oder programmieren kundenindividuelle Applikationen. Also kurzum: Die Hälfte unserer Leute denkt sich eine Lösung aus, und die andere Hälfte setzt sie um.

Ich sollte erzählen, womit wir unser Geld verdienen: Die Kunden treten mit vielfältigen Ansprüchen an uns heran. Die einen wollen ihre Organisation zurechtrücken, die anderen das Internet als Absatzkanal nutzen, Dritte einen ganz neuen Geschäftsbereich aufbauen und dort von Anfang an auf Digitalisierung setzen und wieder andere eine neue Firmenhomepage. Speziell wenn ich mit diesen Kunden rede, denke ich oft: Eine neue Webseite bringt euch nicht unbedingt weiter.

In vielen Fällen liegt das Kernproblem ganz woanders – sehr häufig in fehlender Zielklarheit. Wenn hinter der Umgestaltung einer Homepage nur die Absicht steht, den Vertrieb anzukurbeln, dann wird das auf Dauer nicht gelingen. Dann braucht dieser Kunde nämlich entweder bessere Tools, um seinen Vertrieb effizienter zu machen, oder er braucht bessere Vertriebler. Für Vertriebler sind wir nicht zuständig, aber mit Tools kennen wir uns aus. Häufig wissen die Kunden gar nicht, welche technischen Lösungen es gibt. Oder sie haben die eigentliche Herausforderung noch nicht identifiziert. Als Außenstehende und Digitalexperten fällt es uns leichter, zum Kern des Problems vorzudringen. Meist helfen wir zu allererst bei der Identifikation der Probleme, danach vernetzen wir unter anderem bestehende Prozesse miteinander, optimieren die dazugehörigen Abläufe, bereiten Daten auf und machen diese transparent, damit Entscheidungen schneller und auf einer besseren Informationsgrundlage gefällt oder die nächsten Arbeitsschritte angestoßen werden können. Ein Bekannter hat es einmal so auf den Punkt gebracht: Wir verbinden die Offline- mit der Onlinewelt. Wir machen aus analogen Unternehmen digitale Vorreiter.

Wenn ich, Geschäftsführer und Berater, in diesen ersten Wochen nicht gerade Ideen ausbrütete, auf einem Blatt Papier die nächsten Schritte festhielt oder die Mitarbeiter spontan zu einem Stand-up einlud, stürzte ich mich mit Feuereifer in den Außendienst. Ich verabredete mich mit den Kunden, stellte mich und mein Geschäftsmodell vor und erzählte von meinen Ideen, was wir für sie noch besser, noch effizienter, noch schneller tun könnten. Dabei hörte ich natürlich auch, was sie sich wünschten und benötigten und gerne von uns haben wollten. Bei Kundenpflege, die auf Marktforschung trifft, ist keine Minute vergebens.

Zurück ins Büro. Tag für Tag lernte ich meine Mitarbeiter besser kennen. Wir saßen und sitzen immer noch alle zusammen in einem großen Raum, mittlerweile allerdings auch mit immer mehr Möglichkeiten des Rückzugs für kleinere Meetings. Deshalb bekam ich von meinem Schreibtisch aus vieles mit: wie die Arbeitsprozesse organisiert waren, wie das Team mit sich umging, worüber gelacht und worüber geschimpft wurde. Ich sog alles in mir auf und verknüpfte es in ruhigeren Minuten zu einer Vision, wie wir erfolgreich für den Markt würden zusammenarbeiten können.

Same Procedure as last Year

Natürlich fiel auch eine Menge administrativer Aufwand an, Telefonate und Termine bei Behörden, Banken, Buchhaltung, Steuerberater. Die vorhandene Hard- und Software zu inspizieren war noch das Geringste; ich war ja mit dem Geschäft vertraut. Im Hinterkopf speicherte ich die Verbesserungsvorschläge, die erst langsam, dann immer lebhafter von den Mitarbeitern kamen. Abends und am Wochenende führte ich sie mit meinen eigenen Überlegungen zusammen und dachte darüber nach, was gleich, was später und was besser doch nicht getan werden sollte. Zwischendurch befasste ich mich mit kniffligen Kundenproblemen und grübelte darüber nach, womit wir die Bestandkunden begeistern und neue Kunden gewinnen könnten.

In dieser aufregenden Startphase war ich oft schon um sechs Uhr früh hellwach, weil mir so viele Gedanken im Kopf herumgingen und ich voll mit positiver Energie in den Tag aufbrechen wollte. Oft saß ich morgens schon zu Hause am Schreibtisch, um meinen Tag und meine Ideen zu sortieren oder um Zahlen in ein Excel-Sheet einzubauen. Und wenn ich aus dem Büro nach

Hause gekommen war, ging es zumindest in meinem Kopf mit der Arbeit weiter.

Eines ist mir hierbei klar geworden. Es gibt vermeintlich immer etwas zu tun. Aber ohne die notwendige Pause, ohne die richtige Balance wird die Arbeit plötzlich anstrengender. Und die positive Energie geringer. Und dann sinkt die Qualität. Mir war aber natürlich klar, dass die Menge an Arbeit und vielfältigen Aufgaben in dieser Zeit des Aufbaus sicher notwendig war. Abends knipste ich als Letzter im Büro das Licht aus. »Als Unternehmer gehört sich das schließlich so«, hörte ich Stimmen sagen. Meine große Tochter habe ich zu dieser Zeit weitaus seltener zur Schule bringen können. Zu oft kamen mir Termine und Besprechungen dazwischen. Immer, wenn ich den Mädchen versprach, bald mehr Zeit für sie zu haben, dachte ich an meinen Plan. Fünf Stunden Arbeit am Tag müssen reichen. Damit die Zeit auch für die Familie noch reicht. Und im besten Fall auch noch für mich.

»Ich würde gern. Aber ich kann nicht.«

Dieses Mal fiel der Groschen erheblich schneller. Kaum waren drei, vier Wochen vorbei, merkte ich, dass ich in das alte Muster zurückgefallen war: Arbeit morgens, mittags, abends und am Wochenende, Firma geht vor, Familie kommt hinterher und ich als Letzter. Als mir das bewusst wurde, durchfuhr es mich eiskalt. War dieser von Verantwortungsgefühl und Terminkalender auferlegte Druck nicht genau das, was mich schon einmal unzufrieden, ja unglücklich hatte werden lassen? Was brachte mich, der seine Kinder zu freien, selbständigen und selbstverantwortlichen Menschen erziehen wollte, die aus purer Lust an Leistung ihr Ding machen sollten, dazu, diese meine eigene Maxime mit nur sieben Worten: »Ich würde gern, aber ich kann nicht« komplett in die Tonne zu treten? Vor allem wurde mir immer klarer: Wenn keine

Zeit für Ausgleich möglich ist, wird sowohl die Qualität der Ergebnisse als auch die Motivation kleiner und kleiner. Und das ist doch verrückt: Ich liebe meinen Job und möchte täglich Höchstleistung bringen. Nur scheint es im heutigen Berufsleben schnell zu viel von allem zu sein.

Und was war mit meinen eigenen Bedürfnissen? Wie war es dazu gekommen, dass die sich klammheimlich in den Hintergrund verabschiedet hatten? Wann hatte ich zuletzt ein Buch gelesen, mich der Fotografie gewidmet, Musik gemacht, mit Freunden gekocht, Sport getrieben oder einfach nur am Computer vor mich hin gedaddelt? Arbeit hatte ich ohne Ende. Locker hätte ich das doppelte Pensum in den Tag pressen können und mich gleich dazu. Tatsächlich fühlte ich mich wie durch die Mangel gedreht. Vor meinem inneren Auge erhob sich ein gigantisches Warnschild, von dem aus mir in riesigen Lettern und Signalfarbe pausenlos ein Wort entgegenblinkte: Stopp!

Das war nicht der Plan

Bekanntlich lautet das Mantra des Selbstständigen: selbst und ständig arbeiten. Klar, ich hätte das tun können, was viele engagierte Berufstätige tun: Wegschauen und inständig hoffen, dass irgendwann mehr Zeit da sein wird. Morgen. Nächste Woche. Nächsten Monat. Nur wusste ich damals schon: Das wird nichts. Arbeitstage haben die fatale Neigung, sich stets mit neuen wichtigen oder dringenden oder wichtigen und dringenden Aufgaben zu füllen. Und wenn die To-do-Liste tatsächlich einmal abgearbeitet sein sollte, dann erhebt sich sofort das schlechte Gewissen und mahnt: »Wie, nichts zu tun? Wolltest du nicht noch diese Zielkunden recherchieren oder jenen Auftrag nachkalkulieren? Du bist der Unternehmer. Du musst dafür sorgen, dass ständig neue Aufträge hereinkommen und dass die Kunden rundherum zufrieden sind. Du musst dich um deine Mitarbeiter kümmern. Du bist verantwortlich dafür, dass alles rund läuft. Wie war das noch mal mit den Serviceverträgen: Wolltest du die nicht mal durchsehen?«

Und so kam ich vom Regen in die Traufe. Mit jedem Tag wurde mir mehr bewusst, dass ich mir das so nicht vorgestellt hatte. Und dann fiel es mir wie Schuppen von den Augen: Wo ich bin, will ich sein. Es ist meine Firma. Für die Kunden ist der Inhaberwechsel ohnehin eine große Veränderung in der Zusammenarbeit. Worauf also noch warten? Warum nicht sofort loslegen? Was verlieren wir denn schon, wenn wir augenblicklich und nicht erst später mit dem Fünf-Stunden-Tag starten?

Gerade jetzt, da wir alle noch mit frischer Motivation am Werk sind, da die Wege noch nicht ausgetreten sind, da wir noch die Regeln umgestalten können, ist die beste Zeit für einen radikalen Change. Neben dem Inhaberwechsel und dem neuen Namen kann also bestenfalls auch noch eine andere Arbeitszeit Einzug halten. Noch sind die Mitarbeiter auf Veränderung eingestellt, sie erwarten ja geradezu von mir, neue Ideen zu liefern.

Als Team würden wir von der Einführung eines solch revolutionären Arbeitszeitmodells noch ganz anders profitieren: Wir würden eine neue Identität gewinnen. Digitalagenturen gibt es viele. Aber Digitalagenturen, die sich derart disziplinieren und organisieren können, dass sie die Arbeit von acht Stunden in nur fünf Stunden erledigen, die gibt es nicht an jeder Ecke. Wenn es sie überhaupt in Deutschland gibt, was wir ausschlossen, denn davon hätten wir gehört. In Bielefeld jedenfalls gab es so etwas nicht. Außerdem ist es ja auch genau das, was wir für unsere Kunden leisten wollten: Erklärt uns, wie ihr arbeitet, und wir finden Wege, wie ihr effektiver und schneller zum Ziel kommt (oder ganz neue Ziele erreichen könnt). Wieso den gleichen Ansatz nicht auch bei uns selbst versuchen?

Wie würden die Kunden reagieren, wenn sie hörten, dass wir nur noch halbtags für sie erreichbar sein würden?

Natürlich habe ich auch an unsere Kunden gedacht. Irgendwie müsste ich ihnen beibringen, dass sie täglich nur noch fünf Stunden Zugriff auf uns und unsere Leistungen haben. Gut, wir arbeiten häufig auf der Basis von Werkverträgen. Wann wir was tun, bleibt uns überlassen – Hauptsache, der vereinbarte Termin wird gehalten und die Anforderungen sind erfüllt. Ob die Kunden wohl unser Zeitmodell tolerieren? Oder würden uns die Aufträge davonsegeln? Es käme natürlich auf eine plausible Argumentation an, aus der die Kunden einen Nutzen für sich erkennen können. Für mich, der ich seit Jahren im Thema drin war, lag der zwar klar auf der Hand. Aber wenn man davon zum ersten Mal hört, greift sofort der Abwehrmechanismus gegen alles Neue. In der mildesten Form würden wir vermutlich zu hören bekommen: Habt ihr euch das auch gut überlegt? In der wahrscheinlichsten: Dreht ihr jetzt durch oder was?

»Muss aber nicht sein«, murmelte ich vor mich hin und stellte mir vor, wie es sein würde, wenn meine Kollegen und ich mittags frei hätten. Ich selbst wahrscheinlich nicht immer, aber vielleicht öfter, vielleicht sogar immer öfter. Eine angenehme Vorstellung war das. Ich für meinen Teil hatte darüber hinaus kaum Angst vor der Einführung des Fünf-Stunden-Tages: Was sollte schon passieren? Zurück in das alte Modell könnten wir doch immer noch.

Für die meisten unserer Kunden sind wir ohnehin Nerds. Wir bewegen uns lieber in den unendlichen Weiten des Internets als in Laufbahnen und Bürowaben. Wir wissen besser als die meisten Kunden, was Digitaltechnik leisten kann, und wir teilen unser Know-how gern mit ihnen, damit ihre Prozesse effizienter werden und runder laufen und ihre Kunden wiederum schneller und bequemer zu ihnen finden.

Noch etwas: Alle, die mit uns zu tun haben, spüren ohnehin, dass mit dem neuen Inhaber ein frischer Wind durch die Agentur strömt. Dann könnte ich auch gleich einen Sturm daraus machen.

Wenn die Kunden erst sehen und erleben, dass wir in kürzerer Zeit gleich Gutes für sie leisten und das bei höherer Motivation, dann werden sie unser Experiment wohlwollend beobachten. Im besten Fall, und damit hatte ich die möglichen Kundenreaktionen für mich abgehakt, werden sie unserem Modell sogar folgen.

Wenn nicht jetzt, wann dann?

Es gab ein weiteres, sehr starkes Argument dafür, schon jetzt den Fünf-Stunden-Tag auf den Weg zu bringen. Die Gefahr war nicht von der Hand zu weisen, dass ich zu einem späteren Zeitpunkt den Mut verlieren würde, mich in das Wagnis zu stürzen. Weil ich irgendwann so mit der DNA des Unternehmens zusammengeschmolzen sein würde, dass ich mir gar nicht mehr vorstellen können geschweige denn mich trauen würde, die eingefahrenen Prozesse, die ja auch vor meiner Zeit vermeintlich schon funktioniert hatten, anzupassen. Weil ich – Lasse, der Ausprobierer, der Veränderer, der Revoluzzer, als den ich mich sah – womöglich betriebsblind und träge geworden wäre und gar keine Lust mehr auf den Fünf-Stunden-Tag haben würde.

Ich sah das Risiko und fand nichts, um es zu entkräften. Es schien mir hoch. Zu hoch für mich als Unternehmer, der etwas unternehmen und nicht etwas unterlassen wollte und zu hoch für meine Ansprüche an mein kleines Unternehmen, das erfolgreich groß werden sollte.

Im Zwiegespräch mit mir selbst strebte ich dem Abschluss zu. Los, Lasse, was hindert dich, den Fünf-Stunden-Tag jetzt schon einzuführen? Probeweise sozusagen? Immerhin können wir es versuchen. Sollte es schief gehen, wird kaum jemand davon erfahren haben und wir kehren zum gewohnten Zeitmodell zurück. Mach's, Lasse. Wenn nicht jetzt, wann dann?

Die Reaktion der Arbeitsrechtler haute mich um

Für den übernächsten Tag verabredete ich einen Termin mit zwei Arbeitsrechtlern. Ich erzählte ihnen von meiner Idee und fragte, ob der Umsetzung des Fünf-Stunden-Tages irgendwelche rechtlichen Einwände entgegenstünden. Die Reaktion der Juristen haute mich um. Sie erkundigten sich höflich, ob das möglichweise nur eine besonders perfide Art sei, die Leute rauszuschmeißen …? Denn: Wer seine Arbeit, für die vorher acht Stunden vonnöten gewesen waren, plötzlich in fünf schafft, hat ja offensichtlich vorher die Leistung verweigert.

Nein, nein, habe ich erschrocken geantwortet. Auf diesen Gedanken wäre ich nie gekommen. Übrigens auch nicht darauf, dass es Schelme gibt, die dahinter etwas Böses wittern könnten. Letztlich gaben sich die Anwälte zwar skeptisch, aber wenigstens meiner Idee von Rechts wegen grünes Licht: Ich müsse nur die gesetzliche Arbeitszeitordnung beachten. Davon, dass man seine Mitarbeiter bei gleichem Gehalt auch weniger lange arbeiten lassen könne, stehe darin nichts. Doch, hüstel, wer mache das schon? Als sie mir zum Schluss »Viel Erfolg!« wünschten, schwante mir, was sie dachten. Ein Idealist. Ein Gutmensch. Ein Spinner.

Oder etwa doch nicht? Tags darauf überraschte mich einer der Arbeitsrechtler mit der halb im Ernst gemeinten Frage, ob ich nicht auch Anwälte gut im Team gebrauchen könne.

Es wird ernst

Ende Oktober 2017 rief ich die Kollegen zusammen und präsentierte ihnen meine Ideen zu einer radikalen Arbeitszeitverkürzung. Das Meeting dauerte etwa eine Stunde. Darin fasste ich noch einmal zusammen, wie ich mir unsere Zusammenarbeit vorstellte, was Kommunikation für mich bedeutete, wie ich meine Rolle als Geschäftsführer verstand, worin ich die Zukunft der Firma sah.

Und dann rückte ich mit dem Fünf-Stunden-Tag heraus.

Ich berichtete von all den Versuchen, über die ich gelesen hatte, über die positiven Erfahrungen von Stephen Aarstol in Kalifornien wie auch über den Fehlschlag in einem Altenzentrum in Schweden *(siehe Kapitel 6)*. Ich erzählte von einer Studie der Faculty of Business & Economics der Universität Melbourne, mit der nachgewiesen wurde, dass die Arbeit die Hirnaktivitäten von Arbeitnehmern über vierzig Jahre am effektivsten stimuliert, wenn diese nur 25 Stunden in der Woche arbeiten. »Warum sollte das nicht auch für Jüngere gelten?«, fragte ich rhetorisch und dann appellierte ich an die Mitarbeiter: »Lasst uns doch ganz einfach versuchen, das in fünf Stunden zu schaffen, was wir bisher in acht Stunden getan haben. Ich bin fest davon überzeugt, dass fünf Stunden hochkonzentrierter Arbeit dasselbe Ergebnis bringen wie die üblichen acht bis neun Stunden.« Wer nachmittags freie Zeit hat, kommt morgens hoch motiviert zur Arbeit und weiß, wofür er dann fünf Stunden lang diszipliniert und konzentriert arbeitet.

Ich beendete mein Plädoyer mit der fast rhetorischen Frage: »Wollt ihr weniger arbeiten und genauso viel verdienen?«

Aus zwölf Paar Augen trafen mich ungläubige Blicke. Meine Mitarbeiter trauten ihren Ohren nicht und waren unsicher, ob der neue Chef hier gerade Witze machte, um zu prüfen, wie die Reaktionen ausfallen. Täglich drei Stunden weniger arbeiten müssen und das gleiche Geld wie vorher verdienen? Sollte das möglich sein? Es hagelte Nachfragen. Ein Mitarbeiter zeigte sich überglücklich; er hatte mich so verstanden, dass er einfach nach fünf Stunden nach Hause gehen könne, ohne aber seine Arbeitsweise anpassen zu müssen. Das musste ich sofort zurechtrücken. »Fünf Stunden statt acht, so habe ich das gemeint«, bestätigte ich. »Aber unter der Bedingung, dass in diesen fünf Stunden die gleiche Menge und Qualität an Arbeit geleistet wird wie jetzt in acht Stunden. Darauf müssen wir uns einlassen. Und zwar verbindlich. Sonst funktioniert das nicht.«

Ich regte an, montags bis freitags von 8 bis 13 Uhr zu arbeiten. Zunächst versuchsweise und befristet bis Ende Februar 2018. Fortwährend und danach sollten wir den Erfolg des Experiments überprüfen, diskutieren, das Modell anpassen und gegebenenfalls eine Kehrtwendung hinlegen und zum Acht-Stunden-Arbeitstag zurückkehren. Einverstanden? Einverstanden.

Eines wollte ich allerdings schon sofort abschaffen, und das benannte ich auch: weg mit den Zielvereinbarungen mit den Mitarbeitern. Es sollte absolut ausgeschlossen sein, dass die persönlichen Ziele mit den Zielen des Teams kollidierten. Das aber wäre bei individuellen Zielvereinbarungen und einem Arbeitszeitmodell, das auf Teamgeist angewiesen ist, unausweichlich gewesen. Ich blieb fest dabei: Zielvereinbarungen würden dem Fünf-Stunden-Tag den Garaus machen. Meine Mitarbeiter nickten. Klar, sehen wir auch so. Einige waren sogar sehr glücklich darüber, weil sie selbst schon immer Zielvereinbarungen für unsinnig gehalten hatten.

Zeitfressende Ablenkungen haben im Fünf-Stunden-Tag keinen Platz

Schon jetzt sprachen wir darüber, wie wir möglichst alle Ablenkungen von der Arbeit vermeiden konnten. Ich wollte nichts verbieten, sondern strebte nach Konsens und gemeinsamen Verständnis, und das gelang verblüffend gut. Auf ausgeschaltete Mobiltelefone, auf ein Minimum reduzierte private Gespräche und den Verzicht auf Surfpartien im Netz konnten wir uns ohne große Diskussion verständigen. Das Checken von Social Media, auf Push-Benachrichtigungen auf dem Handy reagieren, E-Mails lesen und beantworten – all das kostet schrecklich viel Zeit. Wir kamen überein, alle Benachrichtigungsfunktionen auszuschalten und unsere E-Mails nur noch zwei Mal am Tag zu checken.

Eine Kontrolle der Vereinbarungen lag mir damals wie heute fern. Ich bin überzeugt davon, dass eine Sensibilisierung des Einzelnen auf den Preis, den solche Störungen kosten, ausreichen muss. Ich versicherte deshalb wiederholt, dass ich die Einhaltung dieser Regeln nicht überprüfen würde. Aber es sind nun einmal Störfaktoren, die wir schlicht würden abstellen müssen, um uns drei zusätzliche Freistunden am Tag herauszuschaufeln.

Cal Newport schreibt in seinem Buch *Deep Work* vom Effekt des »attention residue«, der von der amerikanischen Wissenschaftlerin Sophie Leroy untersucht und beschrieben wurde. Der Begriff bezeichnet die Latenz, die benötigt wird, um von einer konkreten Aufgabe zu einer anderen Aufgabe zu wechseln und dort wieder fokussiert arbeiten zu können. Diese liegt bei durchschnittlich 15 Minuten! Unterbrechungen treten heutzutage unentwegt im Arbeitsalltag auf: Kollegen, die kurz reinschauen, Benachrichtigungen über eingehende Chat-Mitteilungen oder neue E-Mails – Multitasking an jeder Stelle und zu jeder Zeit. Im Arbeitsalltag furchtbare Zeitfresser. Das bedeutet allein bei nur einer Ablenkung pro Stunde einen Zeitverlust von zwei Stunden bei einem regulären Acht-Stunden-Tag – Hier wollten wir mit nachvollziehbaren Regeln direkt gegen ansteuern.

Nachfolgend finden Sie diese Regeln, auf die wir uns verpflichtet haben und von deren Einhaltung wir uns ein Gelingen des Fünf-Stunden-Tages versprochen haben.

Unser Fünf-Stunden-Tag – unsere Regeln

Jeder Einzelne ist zu 100 Prozent dafür verantwortlich, dass der Fünf-Stunden-Tag funktioniert.

Das tägliche gemeinsame Mittagessen und der Kochclub am Freitag um 13 Uhr wird aufrechterhalten.

Teilnahmepflicht am Montags-Stand-Up um 9 Uhr.

Teilnahmepflicht am Zwischen-Stand-Up um 12:30 Uhr. Hier sprechen die Mitarbeiter über den aktuellen Stand ihrer Aufgaben.

Nach 13 Uhr werden alle Anrufe auf ein Notfalltelefon umgeleitet.

Private Pop-Up-Mitteilungen auf dem Smartphone bitte deaktivieren.

Termine finden nur mit zuvor angefertigter Agenda statt (Verantwortlichkeit liegt beim Einladenden).

Terminverzögerungen werden direkt mit allen Betreffenden kommuniziert und ein neuer Termin wird vorgeschlagen.

Es werden keine Termine für den aktuellen Tag geplant. Kurzfristige Termine gelten für den darauffolgenden Tag.

Die Mitarbeiter melden ihre Aufgaben für die bevorstehende Woche am Freitag an das Projektmanagement. Das Projektmanagement plant entsprechend.

Jeder Mitarbeiter priorisiert abgeleitet davon seine Tagesaufgaben selbst.

E-Mails werden nur morgens und mittags gesichtet, priorisiert und bearbeitet.

Die Feedbackliste ist verpflichtend am Ende des Arbeitstages auszufüllen.

Keine geschäftlichen Termine auf den Nachmittag legen. Nachmittags ist Zeit für Internes, die eigene Weiterbildung und Ausgleich.

Der Umgang mit dem Support ist noch im Entwicklungsprozess – aktuell kümmert sich M. um den Entwicklersupport und die Kreation befindet sich im direkten Kundenaustausch.

Für Absprachen und Diskussionen werden die dafür vorgesehenen Bereiche, nicht das Großraumbüro genutzt.

Protokolle und Arbeitsaufträge, die aus Absprachen und Diskussionen resultieren, werden direkt als Ticket angelegt oder digital festgehalten.

Keine Aufgaben zwischendurch verteilen! Alle Projektaufgaben werden über das Projektmanagement kommuniziert.

Jeder ist sich seiner Verantwortlichkeiten bewusst und hält sie ein.

Jeder achtet auf Sauberkeit und Ordnung im Büro. Kunden und wir müssen uns wohlfühlen!

Feierabend ist erst, wenn die Tagesziele erreicht worden sind.

Bei dringenden Wochenaufgaben hält man täglich auf dem Weg nach draußen in den Feierabend kurz Rücksprache mit dem Projektmanagement über den aktuellen Status.

Wir geben uns hinsichtlich des Fünf-Stunden-Tages regelmäßig ein Feedback.

Während die Raucher noch mit sich um Zustimmung zum verdichteten Arbeitstag rangen – ihr Pausenverzicht war ein echtes Opfer –, waren wir uns in einem anderen Punkt wieder sehr schnell einig: Künftig wollten wir nur zwingend notwendige Meetings abhalten und selbst diese auf 15 Minuten beschränken. Wenn es vorab klare Ziele, eine klare Agenda, definierte Verantwortungen und eine entsprechende Vorbereitung gäbe, so kamen wir überein, dann sollte das kein Kunststück sein. Wobei wir bei allen uns selbst auferlegten Vorschriften undogmatisch bleiben wollten. Sollte ein Kunde auf einem Nachmittagstermin bestehen, dann wollten wir den selbstverständlich wahrnehmen. Ob Arbeit in acht oder in fünf Stunden – die oberste Regel heißt immer noch: Kunde geht vor.

Ohne das Commitment jedes einzelnen Mitarbeiters geht es nicht

»Aber wie wollen wir denn ein Team werden, wenn wir uns nicht auch über persönliche Dinge austauschen können?«, kam ein wichtiger und völlig legitimer Hinweis. Daraufhin beschlossen wir, nach einem gemeinsamen Mittagessen am Freitagnachmittag, das schon vor meiner Übernahme ein liebgewonnenes Ritual gewesen war, noch etwas länger im Büro zu bleiben und darüber zu reden, wie unsere dann 25-Stunden-Arbeitswoche gelaufen war. Wie wir uns fühlten, was uns gefehlt hat, was wir anders machen sollten. Ohne Anwesenheitszwang; wer etwas anderes vorhatte, sollte ohne herumdrucksen zu müssen um 13 Uhr gehen können.

Von Anfang an war mir klar, dass ich nicht nur die Zustimmung, sondern auch das feste Commitment meiner Mitarbeiter brauchte, sollte das Experiment über die ersten Monate hinaus Bestand haben. Deshalb fragte ich sie eindringlich, ob sie es, gemeinsam mit mir, ernsthaft versuchen wollten. Die meisten waren begeistert: Toll, ja sicher, das wird funktionieren. Es gab auch ein paar skeptische Stimmen: Ob wir das wirklich durchhalten? Andere schwiegen, wirkten aber nachdenklich. Einer verlieh seinen Zweifeln Worte: »Wie soll ich die Arbeit nur in der kurzen Zeit schaffen? Ich bin doch jetzt schon immer länger als acht Stunden hier.«

Diese Frage tauchte übrigens auch später immer wieder auf. Manchen Mitarbeitern fiel es schwer zu verstehen, dass in diesen fünf Stunden ebenso viel geleistet werden sollte wie früher in acht Stunden. Wir alle mussten intensiver arbeiten, das war uns schon klar. Aber konkret vorstellbar ist so etwas vor Beginn eines solchen Experimentes kaum. Weil es in Deutschland kein Vorbild dafür gibt und keiner von uns wusste, wie wir das konkret anstellen sollten – auch ich nicht.

Und wenn es nicht funktioniert? Wenn das Experiment schiefgeht?

Schwierig war es für mich, meine Mitarbeiter dazu zu bringen, den Gedanken an einen möglichen Fehlschlag des Experimentes zuzulassen. Denn das Scheitern ist in unserer Kultur extrem negativ besetzt. Etwas ausprobieren wollen viele gern. Aber dann einsehen zu müssen, dass es nicht geht und eine Rolle rückwärts zu machen, davor fürchtet man sich. Nun bin ich kein Träumer. Dass unser Experiment schiefgehen konnte, musste ich als eine reale Möglichkeit in Betracht ziehen. Okay, vielleicht stellte sich heraus, dass der Ansatz falsch war. Aber ein Fehler wäre er nicht gewesen. Ein Fehler wäre gewesen, es nicht zumindest versucht zu haben. Meinen Mitarbeitern habe ich erklärt, dass ich durchaus erwarte, dass wir an verschiedenen Stellen auf die Nase fallen werden. Und das es okay ist und dass wir sicher gute Erkenntnisse daraus gewinnen werden. Und das genau hierfür der ehrliche Austausch notwendig sein wird – und ich mich freue, diesen so gut wie möglich mit allen auf Augenhöhe haben zu können.

Aus diesem Tag und der Diskussion nahm ich mit, dass der Fünf-Stunden-Tag als Ergänzung zwingend eine Fehlerkultur braucht, die eine gelebte Kultur des Zuhörens voraussetzt. Wir müssen uns gegenseitig zuhören, was wiederum einander »ernst nehmen« bedeutet, und wir müssen uns gestatten, Fehler zu machen – so lange wir daraus lernen. Das Ziel ist schließlich nicht, um des Scheiterns Willen Fehler zu machen, sondern ein Experiment zu unternehmen, zu beobachten, zu messen und so schnell zu ersten Ergebnissen zu kommen, nachzusteuern und das Experiment zum Erfolg führen. Wer eine fehlertolerante Kultur des Zuhörens etabliert, wird sehr viel schneller an sein Ziel kommen. Eigentlich ist das ganz logisch. Gelebt wird es so allerdings in den wenigsten Unternehmen.

Eine solche Kultur setzt allerdings ein hohes Maß an gegenseitigem Kennen und Vertrauen voraus. Das war bei uns am Anfang noch nicht da. Ich nahm mir vor, darauf hinzuarbeiten.

Kleiner Spoiler: Heute, knapp zwei Jahre nach dem Start, müssen wir diese Kultur nicht mehr beschwören. Wir leben sie.

Wir alle mussten die Neuerung erst mal sacken lassen und verarbeiten

Nach diesem Kick-off-Meeting gingen wir mit gemischten Gefühlen nach Hause. In den Jubel und die Begeisterung über das in Aussicht gestellte Mehr an Freizeit mischten sich Sorgen über die zu bewältigenden Arbeitsmengen und den möglichen Verlust des kollegialen Zusammenhalts. Wie würden wir mit Kollegen umgehen, die sich nicht an die Abmachungen halten? Was ist, wenn jemand auf einen wichtigen privaten Anruf reagieren muss, sei es vom Partner, aus dem Krankenhaus oder auch nur von einem Makler, der endlich die Traumwohnung gefunden hat?

Ich konnte nur hoffen, dass jede und jeder verstanden hatte, dass ich den Fünf-Stunden-Tag zwar für idealistisch begründet, aber für materiell machbar hielt. Und dass ich damit keine andere Zielsetzung verfolgte, als Arbeit zeitschonender zu gestalten, um den Mitarbeitern und mir mehr Zeit für die Dinge des Lebens außerhalb des Jobs zu geben. Und sollte es wider Erwarten doch nicht so laufen, wie ich mir das vorstellte, dann würden wir eben zum traditionellen Acht-Stunden-Tag zurückkehren. Wir hätten im Laufe unseres Experimentes wahrscheinlich sehr viel über uns gelernt. Wie jeder, der schon mal hingefallen ist. Die Kunst, sagte ich mir, besteht darin, unverdrossen aufzustehen und weiterzumachen.

November 2017

Und so nahm unser Selbstversuch mit dem Fünf-Stunden-Tag am Montag, dem 6. November 2017, seinen Lauf. Selbstbewusst verkündeten wir auf unserer Firmenhomepage:

Unser Experiment

Anfangs kam es uns allen sonderbar vor, dass die Kollegen um 13 Uhr den Rechner ausschalteten und sich einem schiefen Lächeln verabschiedeten: »Tschüss, bis morgen!« Wir gewöhnten uns daran. Trotzdem blieben ab und an einige Mitarbeiter nach Feiermittag im Büro, weil sie noch eine technische Lösung durchsprechen wollten oder einfach nur, weil es total ungewöhnlich war, schon um diese Stunde nach Hause zu gehen.

Rasch erwies sich der Freitagnachmittag als von allen bevorzugt. Abwechselnd kochte eine oder einer aus dem Team für alle anderen, danach hockten wir uns um den Esstisch, der vormittags als Konferenztisch ein Doppelleben führte. Es war nach 13 Uhr, Arbeitsende, und wir redeten über die Kunden und unsere Aufträge, über Gott und die Welt und über das, was wir am Nachmittag und am Abend und am kommenden Wochenende vorhatten. Bewusst war es uns nicht, aber jetzt erst ließen wir unsere am Vormittag ausgesperrte Sehnsucht nach Sozialkontakten zu. Selbst Menschen, die große Teile ihrer Zeit am Rechner oder im Internet verbringen, brauchen das. Darüber hinaus evaluierten wir, was die Woche im Fünf-Stunden-Tag mit unserer Arbeit gemacht hat, wo wir gestolpert waren und wo schlechtlaufende Prozesse den kurzen Arbeitstag torpedieren.

So vergingen die ersten drei Wochen wie im Flug. Präziser: im euphorisierten Höhenflug unserer Begeisterung, Teil eines Abenteuers zu sein, dessen Verlauf und Ende wir nicht abschätzen konnten. Auf vier Monate hatte ich unsere Erprobungsphase befristet. Und ich hatte nicht die geringste Ahnung, wo wir dann stehen würden.

Wir fingen morgens um 8 Uhr an und gingen um 13 Uhr oder kurz danach nach Hause und schafften unser Pensum, weil wir uns strikt auf die Arbeit konzentrierten. *(Wie genau wir das machten, steht in Kapitel 5).* Um uns an unseren frühen Dienstschluss zu erinnern, bauten wir uns ein digitales Tool, auf dem für alle sichtbar ein Countdown an das Naherücken des gemeinsamen Tagesziels erinnert. Nach ein paar Tagen war das verlegene Gekicher verschwunden, das jeden von uns mal überkam, wenn wir uns der besonderen Situation bewusst wurden. Ebenso schnell vorbei war es mit dem geflüsterten »pssst« und dem ironisch gemeinten »raboti, raboti« (»schnell, schnell« auf Russisch), das aus irgendeiner Ecke hervordrang und in allgemeinem Glucksen aufging. Alles in allem befleißigten wir uns einer vorbildlichen Disziplin. Wir wollten es ganz einfach schaffen. Gewiss, der Fünf-Stunden-Tag war erst mal nur ein Experiment. Aber es war *unser* Experiment.

Der Countdown

Mit »Handy aus« und »keine privaten E-Mails« ist es nicht getan

Um das deutlich zu sagen: Allein mit »Handy aus, E-Mails und Smalltalk später« wäre es uns nicht gelungen, die Arbeit für acht Stunden in wenig mehr als der Hälfte dieser Zeit zu erledigen. Das wäre viel zu kurz gegriffen. Was wir darüber hinaus getan und wie wir an unseren Prozessen gearbeitet haben, beschreibe ich in *Kapitel 5*.

Beim gemeinsamen Kochen und Essen erfuhren wir auch, was jeder Einzelne mit seinem Mehr an Freizeit anfing. Die einen machten mehr Sport und wurden sichtlich ausgeglichener. Andere nutzten die freien Nachmittage, um sich weiterzubilden. Eine meiner Projektleiterinnen nahm Klavierstunden. Ein Mitarbeiter war wieder mehr mit dem Mountainbike unterwegs. Ein ganz junger Kollege baute sein ehrenamtliches kirchliches Engagement aus und schob nach Dienstschluss eine zweite, karitative Schicht. Andere berichteten, dass sie jetzt mehr Zeit für Familie, Hund, Hobby und Freunde hätten.

Erste Erkenntnisse – und dann ein Schreck

Ende November zogen wir eine erste Zwischenbilanz. Haben wir alles im Griff? Sind Aufträge, Arbeiten, Projekte hinten runtergefallen? Die Antwort war: Nein. Es hatte keine Kundenbeschwerden gegeben – wobei ich dazu sagen muss, dass wir die Kunden gar nicht offiziell über unsere neuen Arbeitszeiten informiert hatten. Punkt 13 Uhr haben wir den Anrufbeantworter eingeschaltet: »Schön, dass Ihr anruft, bitte ruft morgen wieder an.« Das schien uns vertretbar, weil bei uns ohnehin nicht viel über das Telefon ankommt, sondern weit mehr über E-Mail und über unser Supportsystem. Letzteres war selbstverständlich »Always on« – aber eben auch ein digitales Tool, kein menschliches Gegenüber. Reguläre E-Mails mussten bis zum nächsten Morgen auf Antwort warten. Für Notfälle hatten wir wechselnde, auch nachmittags telefonisch erreichbare Troubleshooter zum Dienst bestimmt. So viel Kundenorientierung musste sein.

Bereits nach kurzer Zeit nahm ich wahr, dass nur wenige Schlüsselpersonen rundherum ausgelastet waren. Die meisten Mitarbeiter waren es trotz der verkürzten Arbeitszeit nicht. Ihnen fiel die Umstellung auf den Fünf-Stunden-Tag dann auch leichter als denjenigen, die alle Hände voll zu tun hatten. Wer exklusives Fachwissen hatte und daher enger und in mehr Kundenaufträge eingebunden war als andere, tat sich deutlich schwerer damit, den Tag so zu strukturieren, dass die Arbeit in fünf Stunden zu schaffen war. Was ja auch logisch ist: Je mehr Luft in einem Ballon ist, desto einfacher und schneller lässt sie sich ablassen.

Hinzu kam Ende November etwas, das ich in den ersten Wochen noch nicht hatte absehen können:

Das Geschäft lief nicht so gut, wie man es mir bei der Übernahme der Firma in Aussicht gestellt hatte. Die Umsätze blieben hinter meinen Erwartungen zurück. Und neue Aufträge kamen wesentlich zähflüssiger herein, als ich angenommen hatte.

Heute weiß ich, dass ich am Anfang nicht analytisch, nicht strategisch genug vorgegangen bin. Damals ging es mir vor allem um die Mitarbeiter: Wie geht es ihnen mit der Idee des Fünf-Stunden-Tages, wie fühlt sich das für sie an? Ich selbst war total angstbefreit. An das Geschäft habe ich erst in zweiter Linie gedacht. Schließlich waren die Aufträge ja da. Und ich wusste: Wenn es nicht klappen würde, hätte ich die Arbeitszeit wieder auf das Normalmaß hochgeschraubt. So, wie ich es im Spätherbst 2018 auch zeitweilig getan habe.

Dezember 2017

Anfang Dezember, gerade als ich einen fulminanten Schlachtplan für den Vertrieb entwickeln wollte, ging der Presserummel los. Das war mein Fehler: Ich hatte ihn als unbeabsichtigte Folge eines lockeren Gesprächs mit einem Redakteur unserer Regionalzeitung losgetreten. Zu diesem Zeitpunkt konnte ich noch nicht ahnen, um wie viel uns die mediale Aufmerksamkeit, die wir in der Folgezeit erfuhren, zurückwerfen würde.

Unser Experiment macht Schlagzeilen – und was für welche

Im Rahmen meines jüngst beschlossenen Verkaufsförderungsprogramms hatte ich den Journalisten auf die Firmenübernahme durch mich und auf unseren neuen Namen aufmerksam machen wollen. Ich hoffte auf eine kleine Meldung im Wirtschaftsteil der Zeitung. Erst zeigte sich der Redakteur nur mäßig interessiert, aber als ich ihm dann von unserem Experiment mit dem Fünf-Stunden-Tag erzählte, war er auf einmal Feuer und Flamme. Wie spannend er das fand, entdeckte ich am 5. Dezember 2017, als die *Neue Westfälische* den ersten von nachfolgend gefühlt einer Million Artikel über den Fünf-Stunden-Tag bei Rheingans Digital Enabler brachte.

Mich erreichte der Artikel via WhatsApp beim Frühstück, und ich war hin und weg. Wir groß in der Zeitung: der helle Wahnsinn! Ziemlich aufgeregt brachte ich meine Tochter in die Schule und war auf dem Weg ins Büro, als *Bild* anrief und ankündigte: »Wir sind in einer halben Stunde bei Ihnen.« Ich lese das Blatt nicht. Ich mag das Blatt nicht. Ich hätte Nein sagen können. Aber das tat ich nicht. Im Gegenteil: Nicht wenig stolz jubelte ich quer durchs Büro, dass wir gleich Besuch bekommen würden. Das ist Verkaufsförderung at its best, freute ich mich. Kurz darauf hörte ich, dass die Nachricht bei dpa über den Ticker lief. Am Nachmittag desselben Tages rief RTL an und kündigte ein Fernsehteam für den Freitag der gleichen Woche an.

Hand aufs Herz: Ich hatte nicht erwartet, dass die Nachricht von unserem Fünf-Stunden-Tag dermaßen durch die Decke gehen würde. *Die Welt* bat um ein Interview, Pro7, der WDR, *Spiegel Online, 1Live, bento*, der holländische *De Telegraaf* und sogar *Der Standard* aus Wien. Tagelang vibrierte das Handy alle paar Minuten. Ich fasste mir an den Kopf und dachte: Ich bin tatsächlich der Erste im Land, der das macht.

Den ganzen Dezember hindurch tobte der Medienrummel. Das Fünf-Stunden-Arbeitstag-Ding war offenbar eine solch abwegige Nummer, das jeder darüber berichten wollte. Ohne Übertreibung: Jeden Tag rief ein Journalist oder ein TV-Team an oder fragte per E-Mail, wann wir reden könnten. Im Scherz, zunehmend aber im Ernst beschwerten sich die Mitarbeiter: »Wir können nicht arbeiten.« Wie auch, wenn stundenlang der halbe Raum mit Scheinwerfern blockiert war und ständig irgendjemand Kameras in unsere Gesichter hielt oder »mal eben« noch eine kleine Frage beantwortet haben wollte. »Attention residue« lässt grüßen. Tatsächlich war die halbe Firma im Ausstand. Wenn die Journalisten am frühen Nachmittag abgezogen waren, saßen wir noch in der Küche zusammen, schüttelten den Kopf und waren uns einig. Nicht wir waren verrückt. Die Medien waren übergeschnappt.

Für mich bedeutete der Pressewirbel, dass ich meinen persönlichen Fünf-Stunden-Tag komplett vergessen konnte. Als Initiator und Firmenchef war ich der Ansprechpartner der Journalisten. Das konnte und wollte ich auch gar nicht delegieren. Ich bemühte mich zwar, auch um 13 Uhr Schluss zu machen. Oder wenigstens aus dem Büro zu verschwinden. Aber es gelang mir eher selten.

Der Bielefelder Publizist und Ideenaufstöberer Alex Kahl schrieb am 12. Dezember 2017 im Blog zukunftderarbeit.de: »Direkt vor meiner Haustür findet gerade eine kleine Revolution statt.« Wir lasen das und staunten Bauklötze. Unsere Arbeit sei smart und effizient. Wir würden für unsere Vision brennen. Und ich hätte nach Wegen gesucht, die richtigen Dingen besser zu tun und die falschen Dinge nicht mehr zu tun. Plötzlich kam mir das Meeting

Die Medien waren unser ständiger Begleiter

in den Sinn, in dem ich meine Mitarbeitern hin und her und lang und breit von meinem Plan in Kenntnis gesetzt hatte. Hätte ich damals nur diesen einen Satz gekannt, dann hätte ich mir viele Argumente sparen können.

Wir werden berühmt – und mit Bewerbungen überschüttet

Das phänomenale Medienecho hatte zur Folge, dass unglaublich viele Bewerbungen von digital fitten Hochkarätern in meinem Postfach landen. Allein in den ersten vier Tagen nach dem Bericht in der *Neuen Westfälischen* schickten mehr als hundert Entwickler, Designer, Projektleiter und andere »Digitalos« ihre Unterlagen zusammen mit der Bitte, sich persönlich vorstellen zu dürfen. Einige davon lasen sich großartig und, so nahm ich mir vor, sollten mit einer Einladung beantwortet werden. Aber natürlich konnte die

Agentur binnen weniger Tage nicht die Belegschaft verdoppeln oder verdreifachen, selbst wenn die Bewerbungslage das offensichtlich hergab. Was den meist jungen Menschen an uns gefiel, hat ein Bekannter so formuliert: »Endlich geht es nicht immer nur um mehr. Endlich geht es auch einmal um weniger.«

Das stimmt aber nur bedingt. Gewiss, ich möchte keine Organisation aufblähen. Mehr schaffen möchte ich dennoch – nämlich Mehrwerte für die daran beteiligten Menschen.

Der Digitalisierungsboom hat den Mangel an einschlägig ausgebildeten Fachkräften in schwindelnde Höhen katapultiert. Alle Arbeitgeber klagen, es gebe nicht genug wechselwillige Mitarbeiter, die ihnen den Weg in die digitale Zukunft weisen könnten. Ach ja?! Ich weiß es besser. Junge, digital affine Mitarbeiter wollen eben anders arbeiten und nicht einfach einen neuen Job, in dem sie genauso eingezwängt sind wie im letzten.

Januar 2018

Über Weihnachten und Silvester 2017/18 hatten wir die Firma zugeschlossen – Betriebsferien. Im Dezember war ein regelrechter *Turbo Boost* ausgebrochen, so dass wir vor lauter Fragen beantworten, posen und fotografiert werden kaum zum Arbeiten gekommen waren. Das war Stress pur – den ich aber auch genoss: Es ist verrückt, dass ich das mal erleben darf. Ich war mir sicher, dass sich der Medienhype im Januar wieder legen würde. Dann würden wir wieder arbeiten können. Aber ich lag völlig falsch. Ausnahmefehler. Schon am 2. Januar ging es wieder los.

Der Medienrummel hat unser Gemeinschaftsgefühl enorm gestärkt. Alle staunten, was hier abging. Manchmal mussten wir fast lachen, so irre war das. Die öffentliche Aufmerksamkeit gab uns ein super Gefühl. Ja, es lag eine gewisse Euphorie in der Luft: Was für ein Traumstart! Vor allem deshalb, weil wir das Experiment ja nicht für die Medien gemacht haben, sondern für uns, für unsere Arbeit, für unsere Lebensqualität. Und darin sahen wir uns enorm bestätigt. In Leserzuschriften auf die Artikel und Reportagen und in den sozialen Netzwerken wurden wir regelrecht gefeiert.

Es gab natürlich auch Kritik. Hauptsächlich von Unternehmern, die unser Konzept nicht verstehen konnten oder wollten, weil es nicht in ihr Weltbild oder zu ihren wirtschaftlichen Plänen passte. Na ja, dachte ich, früher gab es auch Menschen, die das Internet für eine Zeiterscheinung hielten. Und noch früher klagten viele, die Eisenbahn sei viel zu schnell für den Menschen …

Die Stimmung im Team war nach der Rückkehr aus den Weihnachtsferien immer noch grandios. Die Mitarbeiter fanden es auch einfach lustig und auch irgendwie cool, dass der neue Chef gleich einen Medienzirkus mitbrachte. Sie gingen förmlich durch die Decke. Ich habe ihnen und den Medien allerdings auch etwas geboten: In einer Nacht- und Nebelaktion habe ich unsere Büroflächen hier und da umbauen lassen. Das Team sollte sehen: Hier passiert richtig was. Es herrschte eine euphorische Stimmung, und es war eine superspannende Zeit. Das war für die Leute total neu. Und sie fanden es toll, Teil dieses Team zu sein.

Ein paar Monate, bevor ich die Firma übernommen habe, hatte ich zusammen mit meinem Geschäftspartner und Freund Klaus Kretzer eine Markenstrategie und ich für mich daraufhin einen

Businessplan erarbeitet. Eigentlich bin ich ja nicht der Typ für jahrelange Vorausplanung. Dafür glaube ich einfach zu sehr daran, dass sich heutzutage nur noch herzlich wenig perfekt planen lässt und dass man statt Planungs-Know-how eher seine Flexibilitätskompetenz aufbauen sollte. Aber ich hatte gedacht, es wäre dennoch gut, solch einen Plan zu haben.

Unsere Perspektive lautete: »Digital Enabler löst Probleme von Unternehmen auf und hinterlässt Menschen, die selbst Probleme lösen.« Das Zielmodell war als Pyramide gestaltet. Deren Basis bildeten die Werte Offenheit, Pragmatismus und Ambition. Darüber lag unsere Mission: »Wir befähigen unsere Kunden, mit digitalen Produkten und Innovationen in der Zukunft erfolgreich zu sein.« An der Spitze thronte meine Vision: »Wir retten den deutschen Mittelstand.«

Bevor ich darangehen konnte, musste ich mein eigenes Geschäft in Gang bringen. Die Bilanz im Rumpfgeschäftsjahr 2017, für mich hatte es ja nur zweieinhalb Monate gedauert, wies ein kleines Plus aus. Laut Plan sollten wir am Jahresende 2018 durchaus viel Geld auf dem Konto haben. Nach Risiken hat niemand Ausschau gehalten. Der Start war uns gelungen, perspektivisch hatten wir jede Menge Kunden, heute schon eine hervorragende Presse und wunderbare Stimmung im Team. Bereits nach wenigen Monaten hatte uns das Experiment zusammengeschweißt – eine großartige Teambuilding-Maßnahme, wenn auch absolut ungeplant.

Anhaltender Ansturm von Tausendsassas aller Provenienzen

Auch im Januar ebbte die Flut an Bewerbungen nicht ab. Der vorherrschende Tenor: »Hey, ihr seid cool, ich bin cool, lass uns was zusammen machen.« Obwohl es mir überhaupt nicht um das Recruiting gegangen war, fand ich es großartig, dass so viele Leute meine Idee ebenfalls gut fanden und deshalb bei uns arbeiten wollten. Wer sich bei uns bewarb? Die wenigsten waren Entwickler, wie wir sie hätten brauchen können. Vier von fünf Bewerbungen kamen von Büroangestellten, die wenig bis keine Kenntnisse dessen mitbrachten, womit wir unser Geld verdienten, sowie von Gelegenheitsjobbern und Tausendsassas aller Provenienzen. Grundsätzlich gab es dabei auch zwei unterschiedliche Typen Mensch zu bewundern: Die einen, die sich aufgrund der Werte, die sich hinter einem solchen Fünf-Stunden-Tag verbergen, beworben haben und denen die konkrete Arbeitszeit weniger wichtig war als der erfüllende Job. Die anderen waren solche, die auf der Arbeit wenig tun konnten und eigentlich auch überhaupt nicht groß arbeiten wollten.

Als Geschäftsführer hatte ich jetzt nicht nur mit dem Medienrummel zu tun, sondern auch mit dem anhaltenden Bewerberansturm. Beides verursachte ungeplanten und zusätzlichen Zeitaufwand. Ausgerechnet in dem Moment, in dem ich die Luft aus meinem Arbeitstag herauslassen und die Arbeit auf fünf Stunden komprimieren wollte, kam eine Menge heißer Luft dazu. Und so ging das noch bis zum späten Frühjahr weiter. Noch hinzu kamen zahllose Anfragen von Studierenden nach Unterstützung ihrer Bachelor- und Masterarbeiten. Auch das kostet mich eine Menge Zeit.

Februar 2018

Wie eingangs erwähnt, war die Fünf-Stunden-Woche ursprünglich auf eine Testphase von November 2017 bis Februar 2018 angelegt. So hatte ich es meinen Mitarbeitern und den Journalisten bei unserem Start im November mitgeteilt. Verschwörungstheoretiker hätten diese Befristung für eine geniale PR-Masche halten können. Denn im Februar und März kamen dieselben Journalisten wieder zu uns und erkundigten sich nach dem Fortgang des Experiments.

Ich wurde nach den Umsätzen gefragt, nach der Stimmung im Team, nach der Medienresonanz, nach den Kundenreaktionen und nach dem Krankenstand. Niemand fragte, ob meine Mitarbeiter und ich jetzt glücklicher bei der Arbeit wären. Also hatte ich geantwortet: »Alles prima. Aber das hat doch nichts mit dem Fünf-Stunden-Tag zu tun. Um den Krankenstand als Erfolgsindikator zuzulassen, war der Zeitraum viel zu kurz. Und auf den Umsatz hatte der Inhaber-, Namens- und Strategiewechsel erheblich größeren Einfluss als unser neues Arbeitszeitmodell.« Die Journalisten schienen nicht zu verstehen, dass es mir um viel mehr ging als um eine organisatorische Innovation. Der Fünf-Stunden-Tag bei gleicher Bezahlung war eben eine »Mann beißt Hund«-Meldung. Kaum jemand machte sich die Mühe, tiefer zu bohren, warum der Mann das getan hatte.

Mache die Medien erst dann auf die Arbeitszeitverkürzung aufmerksam, wenn der Fünf-Stunden-Tag aus den Kinderschuhen heraus ist. Frühestens nach einem halben, besser erst nach einem vollem Jahr. Und keinen Tag früher.

Im Februar 2018 haben wir neben dem Freitag einen zweiten Nachmittag für Teamgespräche eingeführt. Es gab so unglaublich viel zu besprechen. Natürlich war die Teilnahme freiwillig. Niemand wurde schief angesehen, wenn sie oder er sich um 13 Uhr nach Hause verabschiedete. Wenn wir etwas beschlossen hatten, teilten die Kollegen das am nächsten Tag mit. Aber die meisten Kollegen wollten den Austausch und blieben gerne.

Als direkte Folge des Fünf-Stunden-Tags registrierte ich zwei positive Dinge, die ich so nicht erwartet hätte. Dazu einiges, das ich nicht auf die Veränderung der Arbeitszeit zurückführen kann:

Meine Mitarbeiter gehen (meist) um 13 Uhr nach Hause und haben auf einmal Lust auf Weiterbildung. Von einem Bewerber hatte ich mal gehört: »Ich arbeite jeden Tag zehn Stunden im Beruf und habe abends einfach keinen Bock mehr auf die Themen.« Und meine Mitarbeiter erzählten sich gegenseitig, was sie am Nachmittag Neues gelernt hatten! Urplötzlich hatten sie Lust bekommen, Trends nachzugehen, sich in eine neue Technik zu vertiefen, eine Fremdsprache zu lernen oder zu einem ganz anderen Horizont aufzubrechen. Den Grund dafür nannten sie selbst: An jedem Werktag hatten sie drei volle Stunden mehr Zeit für sich.

Die Leute haben jetzt viel mehr Zeit für Dinge, die sie sonst entweder in die Arbeitszeit hineinquetschen oder sich versagen müssen. Zum Arzt zu gehen, die Hobbywerkstatt herauszuputzen, zum Möbelhaus zu fahren, mit den Kids Drachen steigen zu lassen. All diese Themen schleppen sie morgens nicht in die Firma, weil sie wissen, dass sie am Nachmittag dafür Zeit haben. Das entschlackt den Arbeitstag und erhöht die Konzentration auf die eigentliche Arbeit enorm.

Direkte Auswirkungen auf den Krankenstand habe ich bisher nicht beobachtet. Ein Fünf-Stunden-Tag verhindert nicht, dass eine Grippewelle durchs Land zieht.

Eine augenfällige Veränderung der Umsätze konnte ich ebenso wenig wahrnehmen. Ich konnte die Zahlen schließlich nicht mit dem Vorjahreszeitraum vergleichen. Und selbst wenn ich das hätte tun können: Unsere Strategie und Arbeit hat sich durch mich als neuen Inhaber zu sehr im Vergleich mit dem Vorjahr geändert.

Im Februar 2018 habe ich beschlossen, das Experiment in eine unbefristete Arbeitszeitveränderung umzuwandeln. Es klingt pathetisch, aber es war wirklich so: Ich fühlte, dass die Aufgabe, den

Fünf-Stunden-Tag umzusetzen, vom Universum an mich herangetragen wurde. Irgendwie habe ich, ausgelöst durch den internationalen Presserummel, den Ball bei uns gesehen, das Modell weiter zu eruieren, die Vorteile besser herauszuarbeiten und für mögliche Nachahmer greifbarer zu machen. Damals entstand übrigens auch die Idee zu diesem Buch.

Mai 2018

Etwa ein halbes Jahr nach Einführung des Fünf-Stunden-Tages lud ich das ganze Team zu einem Workshop ein. Ich wollte den Zwischenstand herausarbeiten, etwaige Probleme identifizieren und Lösungen dafür auf den Weg bringen. An meine Seite holte ich mir den Bielefelder Organisationsberater und Supervisor Martin Johnsson.

Er stellte Effekte auf verschiedenen Ebenen fest, die er als Krisen bezeichnete. Gelinge deren Bearbeitung gut, erklärte er uns, würden sie am Ende das Unternehmen stärken. Allerdings seien diese Effekte nur zum Teil durch den Fünf-Stunden-Tag ausgelöst worden; einige hätten andere Ursachen, wie am Anfang die Übernahme und Neugründung mit allen bekannten Effekten der Verunsicherung und Irritation, der Euphorie und Motivation und der Kulturentwicklung. Eine sicherlich sehr heftige Disruption sei die Einführung des neuen Arbeitszeitmodells gewesen. Bei einigen anderen Themen wirke es wie ein Brennglas und lege offen, was unter dem Deckmantel der Routine sonst nicht so deutlich sichtbar geworden wäre.

Im Workshop wollen wir herausfinden, wo wir stehen

Ein Workshop zeigt uns, welche Krisen wir durchlaufen und überstanden hatten

Der Medienwirbel beispielsweise habe bei uns eine *Showroom-Krise* ausgelöst. Der Hype um den Fünf-Stunden-Tag hatte einerseits eine euphorisierende Wirkung, band andererseits enorm viel Aufmerksamkeit, Energie und Zeit. Aus der Wahrnehmung der Mitarbeiterinnen und Mitarbeiter hatte ich mich nicht mehr ausreichend um die arbeitsrelevanten Themen Kundenakquisition und Prozessverbesserung gekümmert. Allgemein war der Eindruck entstanden, im Vordergrund stünde nicht mehr das Agenturgeschäft, sondern die Idee des Fünf-Stunden-Tages. Mit der Folge, dass die Mitarbeiter die Arbeit in der Agentur wie in einem Showroom erlebten.

Eine allerdings kaum merkliche *Kundenkrise* sei entstanden, weil anfangs nicht alle Kunden unsere Begeisterung für den Fünf-Stunden-Tag teilen konnten. Wir hatten uns bemüht, das Vertrauen der kritischen Kunden durch eine ungeschmälerte Leistungserbringung zu bewahren, und das war uns auch gelungen. Dennoch würden wir mit dem verkürzten Arbeitstag traditionellen Unternehmenskulturen vor den Kopf stoßen, bei denen eher die Anwesenheit als die Leistung belohnt wird. Der Supervisor warnte uns, dass wir bei der Bewerbung um Aufträge bei neuen Kunden gerade aufgrund des Arbeitszeitmodells den Zuschlag nicht bekommen würden.

Das Komprimieren der Arbeitszeit von acht auf fünf Stunden hatte unsere Organisation erheblich gestresst und eine *Organisations- und Teamkrise* herbeigeführt. Routineprozesse, Zuständigkeiten, die Meetingstruktur und die Arbeitsweisen hatten auf den Prüfstand gestellt, ausgewertet und der neuen Bedingung angepasst werden müssen. Dafür hätte Zeit aufgewandt werden müssen, die aufgrund des Presserummels nicht zur Verfügung stand, besser: die wir (ich!) uns nicht genommen hatten. Diese Verschleppung der notwendigen Anpassungen, insbesondere der Zuständigkeiten und Arbeitsweisen, hatte zu Unklarheiten, Ungereimtheiten und Verunsicherung geführt. Die für den Fünf-Stunden-Tag notwendige Selbstorganisation des Teams wurde unvorbereitet erzwungen.

So sei eine für einzelne Teammitglieder nur schwer auszuhaltende Situation und damit eine *Mitarbeiterkrise* entstanden. Die Not, das Pensum in der vorgesehenen Zeit zu schaffen, sowie der Wunsch, persönlich von der neuen Arbeitszeit zu profitieren, hatten eine Spannung erzeugt, die zeitlich unzureichend und nicht offen genug besprochen worden sei.

All diese Krisen seien aber wichtig gewesen, hob der Fachmann für Organisationen hervor, damit wir auf der Lernkurve vorankommen. Quasi nebenbei wäre der Fünf-Stunden-Tag nicht zu haben. Keinesfalls dürften wir den Aufwand unterschätzen, der betrieben werden muss, um die Selbstorganisation und die Produktivität des Teams zu steigern. Uns musste einfach klar werden, welchen Preis wir für den Fünf-Stunden Tag bezahlen müssen.

Wir nahmen uns die Analyse zu Herzen und zu Kopf und beschlossen, diesem Veränderungsprozess ab sofort die gebotene Aufmerksamkeit zu widmen und ihn abgestimmt und gezielt zu gestalten. Dazu vereinbarten wir, uns im zweiten Halbjahr 2018 bewusst Zeit zu nehmen, um die negativen Effekte zu beheben. Am Ende des Workshops wünschte mir Martin Johnsson dafür alles Glück der Erde. Was ich angestoßen hätte, sei »eine beispiellose Umverteilung des Profits durch Produktivitätssteigerung und die Teilhabe an einem coolen Versuch, die Arbeitswelt zu verbessern.« Wow!

Sommer 2018

Im Sommer 2018 tat sich überraschend ein spürbares Umsatzloch auf. Zwei große und sicher geglaubte Projekte, die ein Drittel unseres geplanten Jahresumsatzes ausgemacht hätten, waren wider Erwarten und anderslautenden Gesprächen nicht an uns gegangen. Das hat uns ein dickes Minus beschert. Es kriselte auch woanders. Bei einem Projekt lief es gar nicht rund. Die Kunden machten unseren Fünf-Stunden-Tag dafür verantwortlich. Es hat schon ein Gschmäckle, wenn sich der Kunde danach richten muss, wann der Dienstleister zu sprechen ist. Um unsere Erreichbarkeit auch am Nachmittag sicherzustellen, leitete ich ab sofort das Firmentelefon nach 13 Uhr auf mein Handy um. Der Kunde zeigte sich erleichtert und war überaus dankbar. Ironischerweise lagen die Gründe für die Schwierigkeiten bei diesem Projekt keineswegs beim Fünf-Stunden-Tag, und auch mein Handy klingelte nicht regelmäßig nach 13 Uhr. Aber für den Kunden fühlte es sich plötzlich wieder wesentlich besser an.

Zwischen Juni und August 2018 habe ich mich oft gefragt, ob die krisenhaften Erscheinungen mit dem Fünf-Stunden-Tag zu tun hatten. Immer wieder geriet ich ins Grübeln, ob meine Idee wirklich eine gute Idee war. Und ich sagte mir: Doch. Es ist eine gute Idee. Unsere Auftragsdelle hat nichts mit unserer Arbeitszeit zu tun. Ich bin fest überzeugt: Wenn ich mehr Aufträge geholt hätte, hätten meine Mitarbeiter die auch in den fünf Stunden geschafft. Andere Agenturchefs und Dienstleister bestätigten mich: Bei ihnen werde acht Stunden gearbeitet und die Lage sei trotzdem mau. Die Wirtschaft sei gerade einfach vorsichtig und verhalte sich abwartend. So ein Sommerloch kenne ich natürlich auch aus früheren Jahren. Aber 2018 schien stiller zu sein als üblich.

Heute denke ich, dass mir der Medienrummel um den Jahreswechsel 2017/18 sehr viel Zeit genommen hat, die ich besser in Marketing und Vertrieb und in den Innendienst gesteckt hätte. Ich war davon ausgegangen, dass die vielen Medienberichte und meine Auftritte im TV und meine Vorträge gewissermaßen von selbst für neue Aufträge sorgen würden. Selbstkritisch muss ich zugeben, die Vertriebskommunikation und den Verkauf vernachlässigt zu haben. Ich dachte, das Marketing wird's schon richten. Wie sich herausstellte, war das eine Fehlannahme. Es kannte uns zwar gefühlt jeder, aber nur die wenigsten hatten verstanden, was wir eigentlich leisten und anbieten können. Ein typischer Fall von Missverständnis.

Entgegen dem Plan haben wir kein Sommerfest für uns und unsere Familienangehörigen veranstaltet. Gar nicht mal wegen der Kosten – vielmehr hat es sich zeitlich aufgrund meiner vielen Termine nicht ergeben. Meine Mitarbeiter waren enttäuscht.

Oktober 2018

Am 16. Oktober 2018 habe ich eine Rundmail an das Team geschickt. Die Botschaft: Es kann sein, dass ihr demnächst Überstunden machen müsst.

Wenn wir den Fünf-Stunden-Tag behalten wollten, mussten wir alle gemeinsam dafür sorgen, dass die Kundenzufriedenheit noch weiter steigt und dass wir neue Abnehmer für unsere Leistung gewinnen. Wir hatten einige Krankheitsfälle, und die Kunden luden immer mehr auf uns ab. Aufträge abzulehnen konnten wir uns nicht leisten. Wörtlich schrieb ich: »Ich möchte, dass wir uns alle gemeinsam bewusst machen, dass es im Moment diesen extra Meter braucht. Wir gewinnen als Team oder wir verlieren als Team. Um das in aller Deutlichkeit klarzustellen: Ich finde reguläre Acht-Stunden Tage überhaupt nicht sinnvoll und gut. Aber so, wie die Planung aussieht, bleibt uns nichts anderes übrig, als eher von Acht- als von Fünf-Stunden-Tagen auszugehen.« Dann schloss ich mit dem Versprechen: »Ich will so schnell wie möglich zu besseren Zahlen und zum Fünf-Stunden-Tag zurückkehren!«

Die Mitarbeiter verstanden den Appell und waren mit der Unterbrechung unseres Experimentes einverstanden. Nur ein Kollege, der gerade erst zu uns gestoßen war, konnte seine Enttäuschung nicht verhehlen.

Es sollte aber keine vier Monate dauern, bis wir zum Fünf-Stunden-Tag zurückkehren konnten.

Bei einer 25 Stunden-Woche fehlt der Puffer, um Unvorhersehbares wie Auftragsausfälle oder Erkrankungen von Mitarbeitern auszugleichen. Man kann sie deshalb nicht immer durchhalten. Das sollte den Mitarbeitern von Anfang an klar sein. Aber auch, dass die Rückkehr zum Fünf-Stunden-Tag ganz oben auf der To-do-Liste steht.

In dieser Situation habe ich mich an Sascha Armutat, Professor für Personalmanagement und Organisation an der Universität Bielefeld gewandt. Der Wissenschaftler hatte bereits im Frühjahr desselben Jahres eine qualitative Auswertung unserer Arbeitszeit unternommen, er kannte uns also. Nun fragte ich ihn, wie wir ohne wirtschaftliche Einbußen möglichst schnell zum Fünf-Stunden-Tag zurückkehren konnten. Zum ersten Mal zweifelte ich an meiner Idee. Ich suchte nach Gewissheit.

Der Professor hielt unser Konzept, die Arbeitszeit ohne Effizienzverluste zu verdichten, von Anfang an für außerordentlich mutig. Er stellte die These auf, dass ausgerechnet die von uns mit Akribie eliminierten Zeitkiller eine Ursache dafür sein konnte, dass wir unsere Arbeit nicht mehr in fünf Stunden schafften. »Schwätzchen, Smalltalk, die private E-Mail sind von großer Bedeutung für die Motivation und Funktionsfähigkeit von Teams«, erklärte er mir, »denn gerade dabei bilden sich für die Zusammenarbeit notwendige Werthaltungen und Kulturfaktoren heraus.« Außerdem zweifelte er daran, dass die Kunden unsere Arbeitszeitverkürzung wirklich tolerierten und nicht nur so taten, als fänden sie das ganz toll: »Alle erwarten doch heute, dass ihre Dienstleister 24/7 für sie erreichbar sind.«

Faszinierend: Der Wunsch, Zeitfresser zu eliminieren, dehnt sich auf das Privatleben aus

Der Wissenschaftler befragte die Mitarbeiter – in der Gruppe und jeden Einzelnen für sich: Erleben Sie durch diese Art und Weise der komprimierten Arbeit Veränderungen, was Arbeit und Privatleben angeht? Er bekam zur Antwort: Ja, wir erleben, dass wir sehr konzentriert unseren Tätigkeiten nachgehen. Wir bemühen uns, alle Störungen konsequent auszuschalten. Nach seiner Beobachtung traf das auch zu. Noch etwas war ihm aufgefallen: Manche Mitarbeiter versuchten auch in ihrem privaten Alltag, die Dinge wegzuarbeiten, also Zeitfresser zu eliminieren. »Das komprimierte Arbeiten scheint zu prägen«, sagte er. »Man versucht die Zeit optimal zu nutzen. Auch die Freizeit.«

Und dann stellte er noch etwas sehr Interessantes fest: Dass nämlich die Mitarbeiter je nach ihrer betrieblichen Aufgabenstellung sehr unterschiedlich mit der Komprimierung der Arbeit umgegangen seien. So standen Webentwickler schon immer extrem unter Druck, hatten stets übervolle To-do-Zettel und klagten über jede Minute, die sie nicht am Arbeitsplatz verbringen konnten. Sie hatten die geringsten Umstellungsschwierigkeiten. Wer sich hingegen um Design und Kreation kümmerte, hatte eine wesentlich höhere Interaktionsdichte, sprich: hing mehr am Telefon als andere Kollegen. Die Kreativen würden unter der selbstverordneten Straffung der Arbeit sehr leiden. Projektleiter wiederum hätten einen extrem hohen Abstimmungsbedarf mit Kunden und Zulieferern. Für diese Mitarbeitergruppe sei der Fünf-Stunden-Tag nachgerade die größte Herausforderung.

November 2018

Mitte November musste ich zugeben: Wir stecken in einer Krise, und die muss ich angehen. Das ist anstrengend. Es gibt einige Dinge, denen ich schon lange meine komplette Aufmerksamkeit hätte widmen müsste. Das war mir in der ersten Zeit nach der Übernahme gar nicht so bewusst. Die Euphorie hat vieles überdeckt. Damals habe ich mich auf die Einführung des Fünf-Stunden-Tags konzentriert und die wirtschaftliche Dimension unterschätzt. Planzahlen sind noch keine Ist-Zahlen. Umsatzeinbrüche haben unsere Planzahlen nicht vorgesehen.

Ich glaube nach wie vor nicht, dass der Fünf-Stunden-Tag die Krise ausgelöst hat, in der wir jetzt gerade stecken. Aber er hat meinen Fokus auf ein Feld verschoben, das nicht das Hauptspielfeld eines Unternehmens ist. Zu dieser Einsicht bin ich erst jetzt gekommen. Manche Dinge fügen sich eben doch nicht, sondern müssen gefügt werden. Das habe ich zu Beginn des letzten Winters gelernt.

Was mich immer noch an der Idee festhalten lässt, ist die positive Resonanz, die ich nicht nur aus Deutschland, sondern inzwischen aus vielen Teilen der Welt bekomme: Hey, gute Idee, halte durch, wir machen das auch.

Kürzlich hat mich eine amerikanische Agentur angeschrieben und um Gedankenaustausch gebeten. Die haben sogar eine 16 Stunden-Woche eingeführt! Es sieht so aus, als ob die Idee überall auf der Welt hochpoppt.

Noch etwas ist mir aufgefallen: Die Verbindlichkeit, was in den fünf Stunden geschafft werden muss, fühlt sich für jeden meiner Mitarbeiter anders an. Wenn jemand nicht weiß, was er leisten muss, dann kann ein Arbeitstag länger sein oder kürzer, das spielt gar keine Rolle. Es ist ähnlich wie bei der Softwareentwicklung, bei der die Leistung eines Entwicklers früher an der Anzahl der geschriebenen Codezeilen festgemacht wurde. Seit langem weiß man, dass das Blödsinn ist, denn man kann Millionen von Codezeilen schreiben und doch kein laufendes Programm zustande bekommen. Ebenso kann jemand Stunde um Stunde am Schreibtisch verbringen, ohne eine wirklich befriedigende Leistung abzuliefern.

Ich selbst bin schnell. Ich kann enorm schnell tippen, gleichzeitig telefonieren, in einer Stunde drei lange E-Mails schreiben, aber ich bin dabei relativ oberflächlich. Andere sind viel langsamer als ich. Dafür arbeiten sie aber sehr genau. Beides zusammen ist eine unschlagbare Kombination. Und beides ist für die Qualität und den Erfolg unabdingbar. Aber wie merkt man im Team, ob einer schnell denkt, ob er viel oder wenig Zeit benötigt für eine Arbeit? Dieser qualitative Aspekt kommt bei der Betrachtung der Arbeitszeit zu kurz. Das soll auch überhaupt nicht heißen, dass ein schnelles Tippen und gleichzeitiges Telefonieren für gute Arbeit stünde. Wichtig ist das Ergebnis – und das ist abhängig davon, ob die schnell getippte E-Mail den richtigen Inhalt hat.

Dezember 2018

Die Arbeitszufriedenheit im Team war am Boden. Alle fühlten sich von der schieren Menge an Arbeit wie erschlagen und sehnten sich nach den Weihnachtsferien. Ich konnte das gut verstehen. Nach der Euphorie kam im Herbst das Erwachen, ausgelöst durch Enttäuschungen und geplatzte Projekte. Im Oktober 2017 hatte ich eine Vision ausgerufen, die großartig aussah und Größe verhieß. Und auf einmal wird diese wunderschöne Vorstellung von ein paar Aufträgen torpediert, die die Kunden konjunkturbedingt zurückgezogen haben, und dann ist man wieder eine kleine, unbedeutende Agentur, und man hat immer noch nicht die obercoolen Projekte.

Um die Arbeit aus neuen Kundenbeziehungen und Projekten zu bewältigen, stellte ich im Laufe des Jahres drei neue Mitarbeiter und dazu zwei Auszubildende ein. Ein anderer angehender Entwickler, der schon länger bei uns war, war wegen Erschöpfungszuständen länger ausgefallen. In der großen Runde diskutierten wir, ob der Fünf-Stunden-Tag womöglich Stress auslöst? Der leidende Auszubildende jedenfalls war davon überzeugt, dass er sich durch den Gewinn an Freizeit mit zu vielen privaten Themen übernommen hatte und persönlich dabei zu kurz gekommen war. Einer der beiden neu eingestellten Auszubildenden hatte mir beim Vorstellungsgespräch erklärt, er würde nur dann die Lehre antreten, wenn er von mir die Garantie bekäme, nach dem Ende der Ausbildung einen festen Arbeitsplatz zu erhalten. Ich machte ihm klar, dass er eine solche Zusage von kaum einem Unternehmen bekommen würde. Kurze Zeit später unterschrieb er.

Januar 2019

Ich merkte: Wir stecken in einem Dilemma. Die Art und Weise, wie wir Projekte machen, ändert sich rasant schnell. Dafür brauchen wir Zeit. Aber wir wollen doch so schnell wie möglich zum Fünf-Stunden-Tag zurückkehren. Wem gebührt die Priorität?

Der Rückfall in den Acht-Stunden-Arbeitstag tat uns nicht gut. Eine Designerin schilderte es so: »Als wir nur fünf Stunden arbeiteten, habe ich jeden Tag viel besser gegessen, mich mehr bewegt und insgesamt viel gesünder gelebt. Das ist bei acht Stunden nicht durchzuhalten.« Eine andere Kollegin war hingegen mit dem längeren Arbeitstag überglücklich. Endlich, sagte sie zufrieden, weise er wieder eine feste Struktur auf. Tatsächlich fiel mir auf, dass manche Mitarbeiter jetzt erkennbar entspannter als früher arbeiteten. Waren sie früher bis 13 Uhr nicht mit einer Aufgabe fertig geworden, dann hatten sie oft etwas grimmig oder verschämt noch eine Stunde drangehängt. Das entfiel jetzt, und damit auch das beunruhigende Gefühl, mit der Arbeit hinterherzuhinken. Alle arbeiteten ja länger. Meine Projektleiterin sagte, dass sie beim Fünf-Stunden-Tag wütend geworden wäre, wenn sie um 14 Uhr noch immer nicht fertig war. Für sie wäre das weit schlimmer gewesen, als jetzt acht Stunden zu arbeiten.

Uns wurde durch den Kontrast vom Fünf- zum Acht-Stunden-Tag plötzlich sehr bewusst, dass uns noch mehr Klarheit bei den Verantwortlichkeiten und Aufgaben fehlte. Für all die Bereiche, wo unzureichend Klärung herrschte, konnten im Acht-Stunden-Tag entspannt Workarounds gefunden werden. Im Fünf-Stunden-Tag nicht. Das hatte meine Kollegin mit der »festen Struktur« gemeint, obwohl sie gar nicht so fest war.

Mein Zwischenfazit nach 15 minus drei Monaten mit dem Fünf-Stunden-Tag

Hätten wir im November 2018 nicht auf den temporären Acht-Stunden-Tag zurückgestellt, dann würden wir im Januar 2019 schon ganze 15 Monate »kurzarbeiten«. Jetzt, wo wir normal lange Arbeitstage hatten, merkten wir erst, wie sehr uns die Kultur des Miteinanders fehlte. Bei nur fünf Stunden mussten Themen und Aufgaben in hohem Tempo und mit hoher Konzentration nacheinander durchgezogen werden, weil wir keine Zeit zum Trödeln hatten. Das Schwätzchen zwischendurch fehlte. Sich ziellos durch den Tag treiben zu lassen, sich im Beruf allmählich von einem zum nächsten Auftrag durchzuarbeiten – das alles war verlorengegangen. Die Lässigkeit im Büro war verschwunden. Der Stresslevel war angestiegen. Man kam nicht mehr hinterher. Das galt nicht für alle Mitarbeiter, aber für viele. Auch für mich selbst.

Dafür gab es im Gegenzug jeden Tag so viel mehr Zeit für andere, wesentliche Dinge. Die vorübergehende Rückkehr zum Acht-Stunden-Tag hatte daher auch die vielen Nachteile des Normalarbeitstages wiederbelebt. Es wurde wieder lauter im Büro. Man beeilte sich nicht mehr so sehr. Fokussierung und Selbstorganisation waren zurückgegangen. Und es fanden während der Arbeitszeit wieder private Dinge statt. Doch Zeit für ausgedehnte persönliche Interessen jenseits des Jobs und den so dringend benötigten Ausgleich gab es dafür nur am Wochenende.

Unterm Strich, fand ich – und das Gleiche galt für die Mehrheit der Kollegen –, sprach mehr für den Fünf-Stunden-Tag. Deshalb wollte ich so schnell wie möglich wieder dorthin zurück.

März 2019

Anfang Februar kehrten wir zur Freude der meisten Mitarbeiter zum Fünf-Stunden-Tag zurück. Die Auftragslage hatte sich entspannt. Nach mehr als einem Jahr am Markt hatten sich die Bestandskundenbeziehungen weiter gefestigt, neue, gute Beziehungen waren hinzugekommen und wir waren ein etabliertes Unternehmen geworden, dessen Leistungen, Kompetenzen und nun ja, auch dessen Eigenheiten sich bei den Kunden herumgesprochen hatten. Während sich über der Konjunktur dunkle Wolken zusammenzuballen schienen, lief es bei uns ganz ordentlich.

Das Medienecho war immer noch nicht verstummt. Im Gegenteil: Zwischenzeitlich hatte unser Arbeitszeitmodell einige Innovations- und HR-Preise gewonnen, zuletzt den XING New Work-Award 2019, und wir waren prompt aufs Neue in die Schlagzeilen geraten. Ich fürchte, das wird sich erst ändern, wenn wir in Sachen Fünf-Stunden-Tag Konkurrenz bekommen haben.

Die zeitweilige Rückkehr zum Acht-Stunden-Tag hatte uns allen deutlich vor Augen geführt, was wir in den langen drei Wintermonaten aufgegeben und vermisst hatten. Um unsere Kultur hochzuhalten, treffen wir uns jetzt öfter zu Workshops, in denen wir vor allem über uns reden und gemeinsam nach weiteren Möglichkeiten zur Klima- und Prozessverbesserung suchen. Martin Johnsson und Sascha Armutat von der FH Bielefeld werden uns weiterhin dabei begleiten.

RHEINGANS
DIGITAL ENABLER

Positiv

- → Sehr gut
- → Auf Ernährung geachtet
- → Fokussierter und konzentrierter
- → Weiterentwicklung (im Hobby und Beruf)
- → Zufriedener
- → Kopf freier
- → Stressbremse
- → Mediale Interesse gern verfolgt
- → Mehr Regenerationszeit
- → Verbesserung der Selbstorganisation
- → Mehr Sport getrieben

Ausbaufähig

- → Klappt nicht immer (abhängig von Projekten und Deadlines)
- → Durch planlosen Etablierungsversuch nicht zu schaffen: Demotivierend
- → Keine Zeit für Reviews
- → Team sollte stärker motiviert werden
- → Gestresste Grundstimmung
- → Weniger Abstimmungen und Nachfragen
- → Unsicherheiten in Prozessen und Zuständigkeiten

Unsere Wahrnehmung des Fünf-Stunden-Tags im Frühjahr 2019 (Ergebnisse unseres Workshops)

Kapitel 5

Wie es funktioniert

Unter welchen Bedingungen Unternehmen und Mitarbeiter vom Fünf-Stunden-Arbeitstag profitieren

Für mich ist ganz klar, dass die Fünf-Stunden-Woche zwar zu den meisten, nicht aber zu allen Branchen passt. Oder richtiger: Nicht ohne erhebliche Reorganisationen und mit der versprochenen Kostenneutralität in allen Wirtschaftszweigen. Fabriken, Krankenhäuser und Pflegeheime beispielsweise, in denen üblicherweise rund um die Uhr gearbeitet wird, müssten dann noch dichter als bisher getaktete Schichtarbeit einführen, nämlich fünf statt der üblichen drei Schichten. Das allerdings verursacht deutlich höhere Kosten, und nicht in jedem Fall kann man sicher sein, dass die dann zweifellos steigende Motivation, neu gewonnene, gute Ideen und die gestiegene Produktivität der Mitarbeiter die Mehrkosten auffangen würden.

Aber wann wird der Break-Even kommen? Das müsste man von Unternehmen zu Unternehmen mit unterschiedlichen zeitlichen Erwartungshorizonten genau durchrechnen. Der verkürzte Arbeitstag in einem schwedischen Alters- und Pflegeheim, von dem ich im nächsten Kapitel noch erzählen werde, ist jedenfalls nur daran gescheitert, dass dem Experiment zu wenig Zeit gegeben wurde, um die Erfolge sichtbar werden zu lassen. Ein ebenfalls schwedisches Autohaus hingegeben arbeitet noch heute mit Sechs-Stunden-Schichten – und ist dabei prächtig gewachsen.

Keine Angst vor »Neuland«

Wir müssen uns auf Neues einlassen, denn weitermachen wie bisher ist keine Option

Wir sollten dabei aber Folgendes nicht vergessen: Weitermachen wie bisher ist auch keine Option. In der Pflege fehlen allein heute schon knapp 40 000 Fachkräfte. Die Lage wird sich mit dem demografischen Wandel noch verschlimmern. Und beim Gedanken daran, wie ich mir eine gute Pflege vorstelle, kommt mir eher eine ihren Beruf liebende und glückliche als eine überarbeitete und unmotivierte Pflegekraft in den Sinn. Ich denke, wir alle sehnen uns nach Menschen, die noch Kraft für das humane Miteinander haben.

In der Produktion sieht es nicht viel anders aus. Vielleicht werden hier noch zu wenig die Vorteile der Digitalisierung genutzt – und Menschen noch mit Arbeit im Acht-Stunden-Tag belastet, die viel eher durch Algorithmen und Roboter abgelöst werden sollte. Auch in anderen Branchen gibt es ein schlagendes Argument, warum der Fünf-Stunden-Tag sinnvoll ist: Die Mitarbeiter haben endlich wieder den Kopf frei, um aus der Entfernung Innovations- und Optimierungspotenziale zu entdecken. Und zwar ganz unbewusst, denn sie kommen automatisch.

Wir werden keine höhere Qualität aus den Menschen herauspressen können. Niemand kann heute im Acht-Stunden-Tag sinnvoll und gesund den heutigen Anforderungen gerecht werden. Und wird es ja auch nicht. Nach einer Studie der britischen Gutschein- und Schnäppchen-App Vouchercloud ist der durchschnittliche britische Büromitarbeiter an einem acht Stunden dauernden Arbeitstag nur knapp drei Stunden lang produktiv, bedingt durch die wachsende Ablenkung durch Social Media und News-Webseiten.

Der Fünf-Stunden-Tag ist nicht überall machbar – aber in kreativen Branchen ganz bestimmt

Nicht jedes Unternehmen wird einen so langen Atem haben (wollen), um in Richtung Kostenneutralität der Arbeitszeitverkürzung zu steuern. Wo viel Kapital in Maschinen und Anlagen investiert ist und ohnehin 24/7 gearbeitet wird, wird es länger dauern, bis die höhere Motivation und Arbeitszufriedenheit der Mitarbeiter die Kosten der Arbeitszeitverkürzung ausgleichen und danach übersteigen. Aber überall dort, wo die Leistung in den Köpfen der Menschen steckt, wo kreativ gearbeitet wird und wo der unternehmerische Gewinn in hohem Maße von der Arbeitslust und dem Output der Mitarbeiter abhängt, da lohnt sich das intensive Nachdenken über den Fünf-Stunden-Tag. Nicht aus Altruismus, sondern aus Fairness. Und sei es aus kalkulierter Fairness. Walmart-Gründer Sam Walton: »If you want a successful business, your people must feel that you are working for them – not that they are working for you.«

Die Vorbedingung für einen verkürzten Arbeitstag ohne verkürzte Lohnzahlung ist eine Unternehmenskultur, bei der die Leistung zählt und nicht die Präsenz am Arbeitsplatz. Diese Kultur ist bei einem Start-up oder bei einer organisatorischen Neuaufstellung einer Firma weitaus leichter zu schaffen als bei einem etablierten Unternehmen. Denn die Kultur ist gleichsam die DNA einer Firma. Um die zu verändern, braucht es sehr, sehr lange – vor allem, um eingespielte Verhaltensmuster und Rollenmodelle zu durchbrechen und neu aufzustellen.

Wenn Sie es trotzdem in Ihrem Unternehmen versuchen möchten, dann bewundere ich Ihren Mut und hoffe ebenso auf das Engagement Ihrer Mitarbeiter wie auf Ihre Beharrlichkeit und Argumentationskraft. Wie machen Sie ihnen zum Beispiel klar, dass sie auf zeitraubende Schwätzchen, private E-Mails, Telefonate, mal eben Facebook und Instagram checken und all den anderen sozialen Schmierstoff verzichten müssen, wenn die Acht-Stunden-Arbeit in fünf Stunden erledigt sein soll?

Sicher nicht so: »Das alles dürft ihr dann nicht mehr.« Per Ansage erreicht man keine Einsicht, schon gar nicht bei Leuten mit Köpfchen – und nur solche arbeiten doch bei Ihnen, oder?

Lassen Sie Ihre Leute selbst nach Zeitfressern suchen. Wetten, sie werden rasch fündig?

Ich habe im Oktober 2017 etwa so eingeleitet (nageln Sie mich nicht auf Worte fest, aber inhaltlich ist es etwa so abgelaufen): »Ich weiß, dass ihr alle total Bock habt auf den Job und dass ihr

Leistung bringen wollt. Dass ihr richtig sauer sein könnt, wenn euch jemand oder etwas Zeit stiehlt, habe ich schon gemerkt. Darum schlage ich vor, dass wir alle zusammen in der nächsten Zeit nach Zeitfressern suchen: Wo geht uns wertvolle Arbeitszeit durch Null-Nada-Niente-Schnickschnack verloren? Viele Leerminuten addieren sich zu leeren Viertelstunden und zu Stunden. Wenn es uns gelingt, diese Zeiten aus dem Arbeitstag herauszufiltern, können wir alle früher nach Hause gehen.«

Ich erinnere mich gut, dass daraufhin eine lebhafte Diskussion anhob. Die Mitarbeiter überboten sich geradezu mit Beispielen für Zeit fressende Tätigkeiten, so dass wir in einer halben Stunde ein Flipchart vollgeschrieben hatten. Eine der ersten Ideen, die damals aufkamen, lautete, die Dauer der Meetings auf 15 Minuten zu beschränken. Ich erinnere mich noch an die Euphorie, als wir sofort einen Haken hinter den Vorschlag setzten: Abgemacht. Das ist übrigens eine Regel, die auch beim Acht-Stunden-Tag Wunder wirkt. Ergänzt mit der klaren Vereinbarung, nur Teilnehmer zuzulassen, die wirklich notwendig sind, sowie im Vorfeld klare Ziele zu formulieren und eine klare Agenda an alle Beteiligten zu schicken.

Ähnliches galt und gilt bei E-Mails. Sie kennen das: Kollegen werden in Kopie gesetzt, um im Nachgang nicht der Mühe eines vernünftigen Briefings ausgesetzt zu sein. Oder sei es nur, damit der Absender gefühlt nicht allein für den Inhalt verantwortlich ist. Schluss damit. Das hält nur auf. Ebenso wie das kurze »Kannst Du mal eben …« zwischendurch, schlecht vorbereitete E-Mails oder Kommunikation generell. Getreu dem Motto: »Entschuldigen Sie bitte meine lange Nachricht, ich hatte keine Zeit für eine kurze.«

Zu den wenigen Dingen, die die Umstellung auf den Fünf-Stunden-Tag bei einem Start-up schwieriger machen als bei einem etablierten Unternehmen, gehören eingespielte Abläufe sowie das

Vorhandensein von organisatorischen Basics wie einheitlichen Dokumentvorlagen und Planungstools. Wir selbst setzen mit kritischer Vorliebe digitale Werkzeuge und Methoden ein. Teamplattformen wie Slack, Software zur Vorgangs- und Projektverfolgung wie Jira, Supportsysteme für den Kundenservice wie Zendesk und IP-Telefonie über Sipgate, Skype und wie die digitalen Tools sonst noch alle heißen, sind bei unserer Arbeit nicht wegzudenken. Und bitte alles automatisiert und vernetzt bis auf den letzten Byte. Sie ermöglichen die modernen, zeitsparenden Arbeitsweisen durch effiziente Kommunikation, geordneten Wissensaustausch und transparente Kooperation.

Aber all diese Werkzeuge haben auch Nachteile, und manchmal ist der altmodische Weg der zielführendere. Ein Beispiel: Anstatt sich über Details in unserem Support-System schriftlich in einer Art E-Mail-Ping-Pong auszutauschen, ist das kurze und knackige Face-to-Face-Meeting wesentlich zielführender und die Aufgabe in fünf statt in dreißig Minuten erledigt. Auch unsere Tools zur Teamkollaboration helfen nur selten, kurz und knackig auf den Punkt zu kommen. Bei uns sammelt eine Task Force regelmäßig, mitunter auch täglich, wenn wir das Gefühl haben, dass dies notwendig ist, Kritik und Lob zu Prozessen und Regeln. Sobald es Ideen für Verbesserungen gibt, werden diese evaluiert, zügig entschieden und direkt eingeführt. Nicht vergessen: Nichts ist für immer, nichts ist immer richtig, alles kann auch wieder rückgängig gemacht werden.

Der Fünf-Stunden-Tag verlangt nicht nur Veränderungen bei uns selbst, sondern auch bei den Arbeitsabläufen

An anderen Stellen verhält es sich allerdings genau andersherum. Anstatt mit dem Kollegen in einem zwanzigminütigen Gespräch einen Sachverhalt abzustimmen und im Nachgang die Inhalte schriftlich, nämlich gleich auch für den Kunden, aufzubereiten, hätten wir auch Tools nutzen können, über die wir ohnehin verfügen und so kollaborativ Konzepte oder andere Inhalte verschriftlichen können. Nur ist solch ein Pläuschen ja immer auch eine nette Abwechslung von der Routine – deshalb kamen wir erst nach Wochen darauf, wie man diesen Zeitfresser ohne Verlust an Sachinhalten ausschalten konnte. Beim Warten auf den Kaffee an der Maschine oder beim gemeinsamen Mittagessen klären wir heute solche Fragen, deren schriftliche Beantwortung zu viel Zeit kosten würde. Außerdem verhindert die Mimik und die Gestik im persönlichen Gespräch so manches Missverständnis.

Ich betone das deshalb, weil uns im Laufe des Experimentes immer stärker bewusst wurde, dass der Fünf-Stunden-Tag nicht nur Veränderungen bei uns selbst nötig machte – vor allem Disziplin und permanente Konzentration auf die Aufgabe –, sondern auch bei den Arbeitsabläufen. Hier steckt ein gewaltiges Zeitsparpotenzial, das mit einigem Nachdenken leicht zu heben ist. So entschieden wir zum Beispiel, für alle Mitarbeiter, die mit Telefonaten zu tun haben, Headsets anzuschaffen, damit beim Telefonieren beide Hände frei sind für andere Tätigkeiten und so ein winziges bisschen mehr Effizienz gewonnen werden kann – und übrigens die leidigen Nackenverspannungen ebenfalls verhindert werden.

Es sind viele einzelne mit Sinnlosigkeiten verbrachte Minuten, die sich letztlich zu Stunden addieren. Man muss die Mitarbeiter dafür sensibilisieren und sie dann selbst mit Ideen kommen lassen. Mit Vorschriften erreicht man nichts. Es müssen gemeinsam diskutierte und als sinnvoll erachtete Teamregeln geschaffen werden. Im Übrigen gilt dies auch für das generelle Verständnis eines Fünf-Stunden-Tages. Haben alle das gleiche Verständnis, was das für jeden bedeutet? Ich möchte noch einmal an den Kollegen erinnern, der der Meinung war, er müsse einfach so wie immer, nur eben kürzer, arbeiten.

Eines unserer wichtigsten Tools aber besteht nicht aus Bits & Bytes, sondern aus Papier. Direkt zur Einführung im Oktober 2017 hat eine Kollegin aus der Kreation neue Schreibblöcke für das Team bestellt – und darauf für alle Kollegen eine Aufgabenliste gescribbelt, die ständig an die Prinzipien unserer Arbeit erinnert:

8:00	Mails prüfen, priorisieren und entsprechend beantworten und den eigenen Tag planen
8:30	Stand-up: Was liegt an? Wer arbeitet woran? Wer kann welche Aufgabe am besten lösen?
8:30 bis 12:45	Fünf hoch priorisierte To-dos abarbeiten.
12:50	Zum zweiten Mal E-Mails und sonstige Kommunikationskanäle checken und den nächsten Tag planen
13:00	Feierabend

Ich bin nicht sicher, ob alle Kollegen noch immer täglich diese Liste nutzen. In jedem Fall war und ist sie eine gute Hilfe und sensibilisiert dafür, den Tag zielorientiert zu strukturieren und Aufgaben zu priorisieren.

Was wir darüber hinaus festgestellt haben: Der Wunsch nach analogen Tools wie Flipcharts, Whiteboards und Schreibblöcken wurde immer lauter, ebenso nach Flächen für den schnellen Austausch unter vier oder sechs Augen. Das hatte auch architektonische Folgen: Jeder Platz, der sich anbot (übrigens inklusive Kü-

che!) wurde mit vernünftigen Sitzgelegenheiten und Whiteboards ausgestattet. Denn ein projektspezifischer Austausch im Großraumbüro lenkt alle Mitarbeiter ab und bricht die bemerkenswerte Stille, die in unserem Fünf-Stunden-Tag jedem Besucher sofort aufgefallen ist.

Setzen Sie Ihren Mitarbeitern nicht die Pistole auf die Brust. Wenn es nicht geht, dann geht es eben nicht.

Noch etwas habe ich bereits bei der Ankündigung des Vorhabens den Mitarbeitern gegenüber deutlich gemacht: Vielleicht klappt es nicht mit unserem Fünf-Stunden-Tag. Möglichweise fallen wir damit auf die Nase. Es ist wie mit der Klimapolitik: Auch wenn die Aufgabe schwer bis unmöglich scheint, sollten wir zumindest versuchen, weniger fossile Brennstoffe zu verbrauchen, weniger

Plastikmüll abzusondern und weniger CO_2 in die Luft zu blasen. Wer nicht wenigstens den Versuch unternimmt, einen unbefriedigenden Zustand zu verändern, ist kein Unternehmer. Unternehmer unterlassen nicht, sondern sie unternehmen.

Von Anfang an habe ich unseren Selbstversuch mit dem Fünf-Stunden-Tag als »Experiment« bezeichnet. Ich wollte vermeiden, dass meine Erwartungen und die Hoffnungen der Mitarbeiter auf schnelle Erfolge in den Himmel steigen. Und ich wollte ihnen von vorneherein die Angst nehmen, dass ein Scheitern des Experiments an ihnen selbst festgemacht wird.

Es mag viele Gründe geben, warum der Fünf-Stunden-Arbeitstag in dem einen oder anderen Unternehmen nicht durchführbar sein kann. Aber es gibt keinen einzigen Grund dafür, es *nicht* zu versuchen.

Im Idealfall lernt ein Team in einem Workshop, wie es besser und verständlicher miteinander kommunizieren kann. Wenn die Vertrauensbasis stark genug ist, kann die gemeinsame Erstellung von Persönlichkeitsprofilen wie etwa nach dem DISG-Modell oder MBTI (Myer-Briggs-Typenindikator) hilfreich sein. Wir haben uns dieser Übung unterzogen und wissen nun nicht nur, wie wir ticken, sondern mehr noch: wie unterschiedlich Menschen funktionieren. Manchem von uns wurde erst dadurch bewusst, dass er und sie eher von Zahlen und Fakten angesprochen wird, während ein anderer durch Emotionen und Storytelling abgeholt werden will.

Dieses Plus an Kommunikationsverständnis ist ungemein wichtig. Nicht alle Äußerungen persönlich nehmen, seine Kommunikation im Griff haben: Das macht das Team besser. Daher planen wir noch immer regelmäßig externe Trainer für Workshops ein, die hier ein besseres Verständnis schaffen. Ohnehin darf der persönliche Kompetenzaufbau, auch im Hinblick auf die Entspannung nach einem anstrengenden Tag, nicht unterschätzt werden. Wenn auf der einen Seite – nämlich von 8 bis 13 Uhr – intensiv und herausfordernd gearbeitet wird, dann muss auf der anderen Seite danach ebenso intensiv zur Ruhe gekommen werden.

Leider fehlt hier oft das richtige Verständnis von »zur Ruhe kommen«. Vor dem Fernseher zu sitzen oder vor dem Smartphone oder sich in das nächste Hobby oder Projekt zu stürzen, reicht dafür nicht aus. Ich freue mich deshalb, dass nicht nur bei uns das Thema Achtsamkeit immer stärker in den Fokus rückt. Bei uns stehen neben Achtsamkeitstrainings (und ja, viele der Kollegen mussten hier erst einmal schmunzeln) auch Wissensaustausch, Meditation und Yoga an. Ich bin überzeugt: Nur ein entspannter und ruhiger Geist in einem gesunden Körper kann regelmäßig und langfristig »high performance work« leisten.

Weitere Funktionsbedingungen für den Fünf-Stunden-Tag

Unserer Erfahrung nach funktioniert der Fünf-Stunden-Arbeitstag dann am besten, wenn sich ein Team gut kennt. Denn dann versteht man sich auch ohne viele Worte. Und all jene sprachlichen Weitschweifigkeiten der Art »Entschuldige bitte, ich weiß ja nicht, woran du gerade sitzt und ob ich dich in einem Gedankengang störe, aber …« können ebenso ersatzlos entfallen wie die gewiss lobenswerte, aber in Summe leider sehr viel Zeit raubende Suche nach politisch korrekten Formulierungen. Wenn man einander vertraut und die anderen so akzeptiert, wie sie sind, kann man sich all das sparen.

Jeder, Mitarbeiter wie Chef oder Chefin, muss seine Aufgabe und seine Rolle im Job genau kennen. Und dieses Wissen muss im ganzen Team transparent sein. Wenn nach innen jedem klar ist, wer was kann, wer was will und wer was darf, wie also die Verantwortlichkeiten verteilt sind, dann gehen Neid und Missgunst blitzschnell zurück. Dann entwickelt sich jener Teamgeist, der den Fünf-Stunden-Tag erst möglich macht. Verantwortlichkeit muss hierbei natürlich kompetenzbezogen sein. Die Zeit der wichtigen Funktion oder Verantwortlichkeit, die sich allein aus der Betriebszugehörigkeit ableitet, ist lange vorbei. Auch hier sei bemerkt, dass sich Verantwortlichkeiten und Interessen des Einzelnen ebenfalls im Laufe der Zeit ändern können. Hier sollte regelmäßig evaluiert werden: Passt es noch so, wie es einmal passen sollte?

Weiterhin muss das Leistungsportfolio in den Köpfen der Mitarbeiter präsent sein, damit man in geordneten Bahnen arbeiten kann. Hier hilft übrigens das tägliche Stand-up sehr dabei, sich im Team auszutauschen und festzustellen, wer bei welchem Problem der richtige Ansprechpartner sein könnte. Wenn die Führung etwas außer der Reihe anbietet oder den Kunden verspricht, dann wirkt das nicht wie Sand, sondern wie Pflastersteine im Getriebe. Und wenn Mitarbeiter nicht die vertraglich zugesicherte Leistung erbringen, sondern perfektionistisch und zeitaufwendig mit Schnörkeln anreichern, dann sprengt auch das den Fünf-Stunden-Tag. Sicher wird man das eine oder andere Mal dank Aushilfskräften oder Springern eine Lösung herbeiführen können. Das funktioniert aber nicht überall. In unserer Branche beispielsweise sind die guten freien Mitarbeiter auf Monate hinaus ausgebucht.

In Betracht ziehen muss man auch mögliche Krankheitsfälle in der Belegschaft. Denn hat man erst einmal die Luft aus dem Acht-Stunden-Tag herausgelassen, kann man kaum den Krankenstand ausgleichen, jedenfalls nicht in kleinen Unternehmen oder in hochspezialisierten Teams. Sobald ein Mitarbeiter krank wird, müssen alle Mitarbeiter länger arbeiten. Das Gleiche gilt für Ausfälle aus anderen Gründen.

Um eine solch umfassende Neuerung wie den Fünf-Stunden-Arbeitstag einzuführen, braucht man eine solide personelle Ressourcenplanung und ein verlässliches Reservoir an kurzfristig verfügbaren Fachkräften.

Wenn man neue Leistungen anbieten will, kann man nur hoffen, dass sich die Mitarbeiter in ihrer Freizeit mit dem neuen Thema beschäftigen beziehungsweise, wie ich zum Glück hier und da in den vergangenen Monaten feststellen konnte, bereits beschäftigt haben. Aber fordern und vorschreiben darf man das nicht, das darf noch nicht einmal die Erwartungshaltung sein. Meine Idee dabei ist ja auch ohnehin die, dass meine Kollegen intrinsisch motiviert sind, sich die coolen, neuen Technologien reinzuziehen – weil sie lieben, was sie tun. Und dass ich diese erst dann an die Kunden verkaufe. Wenn es bestimmte, spannende Anfragen gibt, erkundige ich mich im Team, wer dazu Lust hätte. Und lasse mich dann überraschen, wie viele es sind. Wenn man von Kunden die Notwendigkeit vorgeschrieben bekommt, sich in neue Technologien einzuarbeiten, muss man dafür Zeit einplanen und investieren – und das wird selten bezahlt. Ich bin überzeugt, dass es bei uns so ist wie in vielen kreativen Berufen: Die Menschen brennen für ihren Job. Das fördert die persönliche, fachliche Weiterbildung in freien Zeiten. Auf dieses Menschenbild hat Steve Jobs übrigens den Erfolg von Apple gegründet. Er sagte: »It doesn't make sense to hire smart people and then tell them what to do. We hire smart people so they can tell us what to do.«

Was beim Fünf-Stunden-Tag wegfallen darf und was auf gar keinen Fall

Wenn man einen Teil des Arbeitstages ersatzlos wegschneidet, muss man darauf achten, dass nicht der produktive, sondern der unproduktive Teil eliminiert wird. Das klingt einfacher, als es ist. Mir fällt dabei das Wort von Henry Ford ein: »Ich weiß, die Hälfte meiner Werbung ist hinausgeworfenes Geld. Ich weiß nur nicht, welche Hälfte.«

Doch wie unterscheidet man beides voneinander, gilt doch der angebliche unproduktive Teil der Arbeitszeit – das Herumstehen am Schreibtisch des Kollegen, der Schnack in der Kaffeeküche, das Surfen im Internet zwischen zwei Jobs – nach Ansicht von Arbeitssoziologen als unverzichtbares Schmieröl der menschlichen Kommunikation? Wie machen wir das also: Untersagen wir strikt alle Privatgespräche und verlassen uns auf darauf, dass sich das Team daran hält? Oder lassen wir das »Schmieröl« rinnen und hoffen, dass ein wunderbarer Mechanismus dadurch unsere Arbeit beschleunigt? Natürlich machen wir das. Die Zeiten der Buddenbrooks, in denen der Bürovorsteher mit dem Lineal in der Hand fortwährend die in Reih' und Glied vor ihm sitzenden Buchhalter beäugte und beim leisesten Ton streng »Ruhe« anordnete, sind Gott sei Dank vorbei. Wichtig ist doch, dass die Kollegen selbstorganisiert feststellen müssen, wann Gespräche abdriften und Zeit sinnlos verlorengeht. Hier ist wie auch beim Thema Achtsamkeit und der daraus resultierenden Selbstfürsorge ein Kompetenzaufbau notwendig, den wir bei uns mit internen und externen Coachings, Workshops oder Vorträgen zu leisten versuchen. Gleiches gilt für den Erhalt der Motivation: Die Kollegen müssen entwickelt werden. Oder noch besser: sich selbst entwickeln wollen.

Trotzdem kommt bei unserem kurzen Arbeitstag das Zwischenmenschliche zu kurz. Deshalb ist es nicht nur gut, sondern sogar notwendig, dass wir nach der Arbeit zusammen kochen und essen. Beim Fünf-Stunden-Tag habe ich oft das Gefühl, weiter weg vom Team zu sein als beim längeren Arbeitstag. Der Lacher zwischendurch und der kurze Wortwechsel am Rande sind enorm wichtig. Dessen sind wir uns bewusst, und wir arbeiten daran, dass das auch in unseren fünf Stunden noch Platz findet. So viel Zeit muss einfach sein. Wir sind immer noch Menschen und keine Roboter.

Der Fünf-Stunden-Arbeitstag ist super. Aber entweder hängt man das soziale Miteinander dahinter, so wie wir es mit unserem gemeinsamen Kochen und Essen halten. Oder man muss alle zwei Wochen einen vollen Tag für das Teaming einschieben. Nicht minder wichtig sind gemeinsame Teamevents wie ein Sommerfest, ein Wandertag, die Weihnachtsfeier oder ein Betriebsausflug. Ohne solche Marksteine droht die Bindung im Team verlorenzugehen. Solche gemeinsamen Erlebnisse wurden auch klar in Workshops gefordert, wenn, so die Mitarbeiter, »der Fünf-Stunden-Tag funktionieren soll.«

Nur die Arbeitszeit zu verändern, reicht nicht aus. Auch die Arbeitsweisen müssen auf den Prüfstand.

Eine wichtige Bedingung für das Funktionieren des Modells ist die Einbindung und aktive Teilnahme aller Mitarbeiter, das heißt auch des Unternehmers und der Führungskräfte. Denn die Chefs sind nun mal die Vorbilder, nach denen sich die Mitarbeiter richten. In den Anfängen des Medienrummels habe ich mehr als einmal meine Mitarbeiter versteckt lächeln gesehen, weil ich selbst, der Ideengeber!, den Fünf-Stunden-Tag nicht konsequent einhalten konnte. Als der Pressewirbel immer höhere Wellen schlug, haben sie das sogar knallhart kritisiert, weil sie wollten und wollen, dass ich den Fünf-Stunden-Tag vorlebe. Sonst gehe es nicht, warnten sie. Es ist wie bei allen Veränderungsprozessen: Wenn der Initiator nicht mit an Bord ist, sinkt die Motivation der anderen. Hieran muss ich arbeiten! Das hat mich sehr nachdenklich gemacht, und ich weiß heute, dass der Fünf-Stunden-Tag nur funktionieren kann, wenn der Chef als Vorbild fungiert. Und wenn gleichzeitig aus der Aufbau- und Ablauforganisation all die unnötige Luft herausgelassen wird, die schnelles und agiles Arbeiten verhindert.

Agile Arbeit ist die Antwort auf die Digitalisierung, den Wertewandel und das neue Selbstbewusstsein der Arbeitnehmer. Nur damit können Unternehmen schnell und angemessen auf neue Technologien und Marktveränderungen reagieren. Selbst Marktführer können zu Boden stürzen, wenn sie Smart Solutions unterschätzen, die ihre zentralen Geschäftsfelder erodieren lassen und völlig neue Märkte schaffen.

Wenn klassische Benzinmotorenhersteller gegen die E-Mobility von Tesla & Co., Reisebüroketten gegen trendige Onlineverkaufsplattformen oder schwere Warenhausketten gegen virtuelle Supermärkte bestehen wollen, müssen sie lernen, ihre Reaktionszeiten auf das für die Vernunft reservierte Minimum herunterzufahren. Erst agile Arbeitsweisen ebnen dem Fünf-Stunden-Tag den Weg. Und eines ist ohnehin klar: Veränderung ist nicht länger ein Prozess, der sich zwischen einem statischen Anfangs- und Endpunkt abspielt. Veränderung ist der neue Dauerzustand. Und konstante Weiterentwicklung von Mitarbeitern und Unternehmen sind die dafür zwingend notwendige Voraussetzung.

Der Fünf-Stunden-Tag ist ohne agile Arbeit nicht durchführbar

Agile Arbeit ist der Oberbegriff für die verschiedenen Aspekte, die kleine wie große Unternehmen bei Organisation und Führung berücksichtigen müssen, um sich schneller an die rasant steigende Umweltdynamik anzupassen, besser noch: ihr voraus zu sein. Der Begriff kommt von der »agilen Softwareentwicklung«, mit der etwa seit der Jahrtausendwende gearbeitet wird und die nachweislich sowohl die Effektivität als auch die Effizienz von Arbeitsprozessen verbessert.

Das 2001 von einigen US-amerikanischen Softwareexperten vorgelegte »agile Manifest« bestand aus vier einfachen Thesen und erregte hohe Aufmerksamkeit. Die Experten schlugen darin vor, mehr Wert auf Individuen und Interaktionen zu legen als auf Prozesse und Werkzeuge. Eine funktionierende Software war für sie wichtiger als die umfassende Dokumentation, und die Zusammenarbeit mit dem Kunden hielten sie für bedeutender als Vertragsverhandlungen. Und sie plädierten dafür, stärker auf Veränderung zu achten als Pläne zu befolgen. Prozesse, Werkzeuge, Dokumentation, Vertragsverhandlungen und Pläne sollten zwar weiterhin ihren Platz haben, aber nicht mehr im Vordergrund stehen. Eine sichtbare Folge dieses Manifestes war der Siegeszug von agilen Entwicklungsmethoden wie Scrum.

Ich behaupte: Der Fünf-Stunden-Tag braucht zwingend eine agile Organisation, und die ist unmittelbar mit agiler Arbeit verbunden. Oder, wie ich häufig in Vorträgen sage: Wir setzen auf Moderation statt Expertentum, Kooperation statt Kontrolle und Kompetenz statt Hierarchie.

Und was ist, wenn die Aufträge wegbleiben? Ist der Fünf-Stunden-Tag nicht nur ein Schönwettermodell?

Eine Krise kann die Notwendigkeit der Organisationsveränderung eine Zeitlang überdecken. Aber sie lässt sie nicht verschwinden. Im Gegenteil: Wenn es schon vor der Krise geknirscht hat, werden diese Merkmale durch die Krise noch verstärkt zum Ausdruck kommen. Überdies ist das »Wachsen durch Krisen« durchaus Teil unseres Experiments: Durch die *Inszenierung* einer Krise im Unternehmen, ausgelöst durch die abrupte Verringerung der Arbeitszeit, setzen sich Führungskräfte und Mitarbeiter unter starken Druck, ineffiziente Abläufe zu verändern und die bisherigen Arbeitsweisen zu überdenken. Dazu kommt es sonst nur in echten Krisen. Also dient das Modell auch der Vorbereitung auf Schlechtwetterzeiten.

Als wir im Sommer 2018 aufgrund des unvorhergesehenen Auftragsausfalls in einer echten wirtschaftlichen Krise steckten, wusste ich: Diese Krise resultiert nicht aus dem Fünf-Stunden-Tag. Hier lagen die Gründe in der vernachlässigten Vertriebskommunikation und in meiner persönlichen Zuversicht, dass aus der PR-Welle und dem damit verbundenen Marketing direkt Aufträge resultieren würden. Erst die Krise im Spätherbst, die zu unserer temporären Rückkehr in einen Acht-Stunden-Tag führte, zeigte die potenzielle Fehleranfälligkeit des Arbeitszeitmodells: Uns fehlte der Personalpuffer bei hohem Krankenstand. Wenn bei uns ein Mitarbeiter ausfällt, müssen alle anderen länger arbeiten. Beim klassischen Arbeitszeitmodell sind Pufferzeiten einkalkuliert, das entspricht der betriebswirtschaftlichen Logik. Zu überlegen ist, ob man durch den sinnvollen Einsatz von digitalen Tools den fehlenden Puffer herstellen kann. Oder ob man mehr Mitarbeiter einstellen muss, als tatsächlich benötigt werden. Oder ob man den Personaleinsatz mithilfe spezialisierter Dienstleister flexibilisiert.

Grundsätzlich setzt die Arbeitszeitverkürzung ohne Lohnreduktion voraus, dass das Unternehmen bereit ist, den zu erwartenden Produktivitätsgewinn mit den Mitarbeitern zu teilen. *Das* ist das wirklich Revolutionäre an unserem Modell und darin bin ich einer Meinung mit Apple-Gründer Steve Jobs, der gesagt hat: »Being the richest man in the cemetery doesn't matter to me. Going to bed at night saying we've done something wonderful ... that's what matters to me.«

Wir halten fest: Um den Fünf-Stunden-Tag zu ermöglichen, bedarf es Arbeit, Anpassungen und Bereitschaft auf ganz verschiedenen Ebenen:

Die *Gesellschaft*, also die *Kunden*, müssen davon überzeugt werden und sein, dass auch ein Gewinn für ihre Ansprüche und Anforderungen dabei herauskommt. In unserem Fall: Sie erhalten hochmotiviertes Personal für ihr Projekt und mindestens die gleiche Qualität wie bei einem Acht-Stunden-Tag.

Die *Organisation und Führung* muss ein »Digital Mindset« haben und bereit sein zum ständigen Wandel und ehrlichen Austausch sowie den daraus resultierenden Folgen. Und eben auch selbst mittendrin dabei sein und alle Konsequenzen und Einflüsse auf den eigenen Arbeitstag und die eigene Selbstorganisation tragen.

Die *Teams* und deren Zusammenarbeit müssen auf den Prüfstand und auch hier die entsprechenden Folgen gewollt und getragen sein und gemeinsam aufgebaut und entwickelt werden. Das Team und ich finden jeden Workshop und jedes Training extrem bereichernd.

Der *Einzelne* muss gewillt sein, Höchstleistung abzuliefern. Wie gesagt: Eine Produktivitätssteigerung von knapp 40 Prozent gibt es nicht geschenkt. Den Preis dafür muss jedes Teammitglied bereit sein, mit zu bezahlen – mit allen Anforderungen, die damit an die Selbstorganisation und Selbstentwicklung gestellt werden.

Für Organisation und Teams müssen klare Ziele für alle verständlich sein. Denn nur daraus kann eine verbindliche und klare Planung abgeleitet werden. Mit der konkreten Planung ist auch erst eine verbindliche Kommunikation möglich. Um diese optimal zu formulieren, bedarf es der Kompetenzen und des Wissens der einzelnen Teammitglieder über unterschiedliche Typen und Kommunikationsformen, um einen ehrlichen Austausch auf Augenhöhe überhaupt erst zu ermöglichen.

Natürlich ist hier eine hohe Eigenmotivation der Mitarbeiter vonnöten. Wird der Fünf-Stunden-Tag von oben angeordnet? Oder können sich alle darauf frei verständigen? Bei uns ist das der Deal: Alle wollen den Fünf-Stunden-Tag. Aus hoher intrinsischer Motivation und den oben genannten Punkten leiten sich effiziente und schnelle Prozesse ab. Durch regelmäßige Feedbackrunden werden diese immer wieder hinterfragt und angepasst. Mit der regelmäßigen Weiterentwicklung von Team und Mitarbeitern durch externe Workshops und Trainings unterstütze ich als Chef diese Entwicklung. Und was erreichen wir damit? Den gleichen Output bei höherer Mitarbeiterzufriedenheit, weil die hier arbeitenden Menschen ihre beruflichen und privaten Belange im Einklang bringen und halten können.

Zum Abschluss dieses Punktes möchte ich meine Mitarbeiter zu Wort kommen lassen. Sascha Armutat, der bereits von mir erwähnte Organisationsprofessor an der Fachhochschule Bielefeld, hat im Frühjahr 2018 das Arbeitszeitmodell von Rheingans Digital Enabler evaluiert. Und das hat der Fünf-Stunden-Tag aus Sicht meiner Mitarbeiter bewirkt:

- ✔ Sie planen proaktiv ihre Arbeit und haben einen besseren Überblick über ihre Aufgaben und deren Nutzen.
- ✔ Es wird weniger Arbeitszeit für irrelevante Besprechungen verwendet.
- ✔ Sachverhalte werden direkter im Kollegenkreis geklärt
- ✔ Die Abstimmungen mit den Kollegen sind kürzer und effizienter.
- ✔ Die Teams organisieren sich effizienter selbst.
- ✔ Alle verbindet das gemeinsame Ziel, um 13 Uhr die Arbeit abzuschließen.

Im Januar 2019 wurden die Mitarbeiter erneut nach der Arbeitssituation, dem Teamzusammenhalt, der Kommunikation, der Führung, zum Fünf-Stunden-Tag und ihrem persönlichen Gefühl befragt. Die wichtigsten Ergebnisse lauten:

- ✔ Zwei Drittel (66,67 Prozent) gehen montagmorgens gerne zur Arbeit. – »Nur zwei Drittel?«, sagen Sie? Hallo – es ist immer noch Montagmorgen!
- ✔ 73,33 Prozent fühlen sich von den Kolleginnen und Kollegen wertgeschätzt, mehr als 20 Prozent fühlen sich sogar sehr wertgeschätzt.
- ✔ 87 Prozent registrieren einen starken Teamzusammenhalt und fühlen sich aufgrund der guten Stimmung im Team wohl.
- ✔ 73 Prozent bezeichnen die Kommunikation im Team als reibungslos.
- ✔ 86 Prozent loben die Führungskompetenz der Vorgesetzten.
- ✔ 100 Prozent stimmen dem Konzept des Fünf-Stunden-Tages zu, aber nur 80 Prozent geben an, ihre Arbeitsaufgaben in dieser Zeit bewältigen zu können.
- ✔ 93 Prozent bekunden ihre Bereitschaft, die gewonnene Zeit für Weiterbildungs- und Teammaßnahmen zu nutzen.

Das Team von Rheingans Digital Enabler

Kapitel 6

Andere Länder

Wo der Fünf-Stunden-Tag gelungen und wo das Modell gescheitert ist

Ich denke, dass ich gezeigt habe, dass der demografische und kulturelle Wandel sowie die digitale Transformation der Wirtschaft neue Arbeitszeitmodelle erforderlich machen. Weltweit gesehen bin ich nicht als Erster auf die Idee der Arbeitszeitverkürzung ohne Gehaltsabstriche gekommen. Nachstehend werde ich zeigen, welche Beispiele es in anderen Ländern gibt und was man daraus lernen kann.

40 Prozent mehr Produktivität: Tower Paddle Boards

Der Pionier des Fünf-Stunden-Tages ist Stephan Aarstol. Der Internetunternehmer gründete 2010 in San Diego im US-Bundesstaat Kalifornien das Start-up-Unternehmen Tower Paddle Boards. Es hat sich auf den Onlineverkauf von Surfbrettern und Zubehör für das Stand Up Paddling spezialisiert. Nur ein Jahr nach der Gründung – das Unternehmen hatte bereits die Umsatzschwelle von 100 000 US-Dollar überschritten – stellte Aarstol seine Geschäftsidee dem US-Milliardär Mark Cuban vor. Der zeigte sich begeistert und erwarb daraufhin mit seiner Investmentfirma Shark Tank für 150 000 US-Dollar einen Firmenanteil von 30 Prozent. Das war, wie sich schon bald herausstellen sollte, für beide Seiten ein höchst lukratives Geschäft.

Denn weil sich Stand Up Paddling in den folgenden Jahren zu einem neuen Trend im Freizeitsport entwickelte, steigerte Tower Paddle Boards in wenigen Jahren seinen Umsatz auf mehr als 30 Millionen US-Dollar. 2015 kürte das *San Diego Business Journal* das Start-up zum am schnellsten wachsenden privaten Unternehmen der Stadt. Für weltweites Aufsehen aber sorgte Stephan Aarstol, als er im selben Jahr in seinem Unternehmen den Fünf-Stunden-Tag einführte. Im Jahr darauf veröffentlichte er darüber das Buch *The Five Hour Workday.*

Zahlreiche Magazine griffen das Thema auf. So wurde auch ich auf den innovativen Unternehmer und seine faszinierende Idee aufmerksam. Richtiger: Er rannte mehr oder weniger offene Türen bei mir ein, denn genau wie Aarstol zweifelte auch ich schon länger am Sinn des Acht-Stunden-Tages. Der war zur Zeit der Industriellen Revolution gewiss eine Errungenschaft für die Arbeitnehmer, doch im Zeitalter der Digitalisierung und veränderten Rollenbilder von Mann und Frau ist er schlicht nicht mehr zeitgemäß. Kein Wunder, dass ich Aarstols Buch förmlich verschlang und von seinen Überlegungen inspiriert wurde.

Warum das Modell bei Tower Paddle Boards funktioniert

Bei Tower Paddle Boards arbeiten die Angestellten in den Sommermonaten täglich von 8 bis 13 Uhr. Durch den Wegfall der einstündigen Mittagspause wurde die effektive Arbeitszeit der Mitarbeiter pro Tag lediglich um zwei Stunden verringert. An ihrem Lohn hat sich trotz der Arbeitszeitverkürzung nichts geändert. Wohl aber an der Produktivität des Unternehmens, definiert als Leistung je Zeiteinheit. Weil die Mitarbeiter in den fünf Stunden Arbeitszeit genauso viel wie zuvor in sieben Stunden leisteten, erhöhte sie sich um bemerkenswerte 40 Prozent!

Warum das so ist, dafür hat Stephan Aarstol eine Reihe von

Erklärungen. Der Unternehmer geht davon aus, dass selbst sehr gute Mitarbeiter nur die Hälfte ihrer Arbeitszeit tatsächlich für produktive Arbeit nutzen. Bei einem Fünf-Stunden-Tag arbeiten sie kürzer, aber konzentrierter.

Für den Unternehmer bedeutet das: Der Vorteil der intensiven Arbeit macht den Nachteil der kürzeren Arbeitszeit mehr als wett. Und auch die Mitarbeiter gewinnen: Weil ihnen mehr Freizeit zur Verfügung steht, sind seine Angestellten glücklicher, und weil sie glücklicher sind, arbeiten sie produktiver. Umgekehrt sorgt die Verknappung der Arbeitszeit dafür, dass diese Zeit besonders intensiv genutzt wird. Diesen Effekt kennt jeder Studierende aufs Beste: In den Tagen vor der Abgabefrist einer Haus-, Bachelor- oder Masterarbeit arbeiten die meisten von ihnen besonders effizient – während sie zuvor Tage oder Wochen vertrödeln, da ja noch so viel Zeit zur Verfügung steht.

Seit 2015 ist der Fünf-Stunden-Tag bei Tower Paddle Boards in den Sommermonaten die Regel. Bei Bedarf können die Mitarbeiter auch länger arbeiten. Doch wer um 13 Uhr am Strand von San Diego zum Surfen gehen möchte, der kann das guten Gewissens tun. Stephen Aarstol weiß: Zufriedene Arbeitnehmer kehren am nächsten Tag motiviert zurück an ihren Arbeitsplatz.

Welche Lehren Aarstol aus dem Fünf-Stunden-Tag zieht

In der Praxis empfiehlt Aarstol die Anwendung der 80/20-Regel, die Tim Ferriss in seinem Buch *The 4-Hour Workweek* beschreibt. Gemäß dem Pareto-Prinzip werden 80 Prozent der Produktion mit 20 Prozent des Aufwandes generiert. Wenn man folglich die Arbeitsabläufe analysiert und die entscheidenden 20 Prozent ausfindig macht, dann entdeckt man ein immenses Zeiteinsparpotenzial. Überaus wichtig ist für Aarstol die Verknüpfung von bezahlter Arbeit mit der Produktivität statt mit der Arbeitszeit.

Um die dahingehende Einstellung seiner Mitarbeiter zu fördern, schüttet er 5 Prozent des Unternehmensgewinns an besonders produktive Mitarbeiter aus.

Auch in dieser Hinsicht habe ich mir Aarstol zum Vorbild genommen. Ich werde meine Mitarbeiter mit 20 Prozent am Jahresgewinn beteiligen.

Weil die reduzierte Arbeitszeit auch mit einer geringeren Erreichbarkeit für die Kunden verbunden ist, befürchtete Aarstol anfangs Umsatzrückgänge. Doch er stellte bald fest, dass sich die Kunden an die geänderten Öffnungszeiten anpassten und die Zahl der telefonischen Anfragen und Bestellungen unverändert blieb. Sein wichtigster Tipp lautet daher, den Kunden die neuen Ansprechzeiten klar zu kommunizieren und beim Service und der Auslieferungszeit das Niveau zu halten.

Das gelingt aber nur, wenn man das Verbesserungspotenzial bei der Arbeitsorganisation und den Arbeitsprozessen voll ausschöpft. Denn nur dann, wenn die Mitarbeiter produktiver werden, können die Kosten für die verkürzte Arbeitszeit ausgeglichen oder sogar überkompensiert werden. Folglich investierte Tower Paddle Boards – ein Produktionsunternehmen, kein Dienstleister! – in die Automatisierung von Abläufen im Warenlager und verbesserte den Kundenservice auf der Website durch nützliche Videos, die den Kunden bei der Entscheidungsfindung helfen. Laut Aarstol gibt es Wirtschaftszweige und Aufgaben, bei denen das nicht möglich sei, etwa im Gesundheits- und Pflegebereich. Doch für die meisten Unternehmen hält der Kalifornier sein Modell für umsetzbar.

Die Vier-Tage-Woche als Alternative: Perpetual Guardian

Am 8. Februar 2018 überraschte Andrew Barnes, CEO der Vermögensberatungsfirma Perpetual Guardian in Auckland, Neuseeland, seine rund 240 Mitarbeiter mit einer Ankündigung. Ein Video seiner kurzen Ansprache hat das Unternehmen auf YouTube unter http://bit.ly/nz-4-day-week veröffentlicht.

Darin erklärte Barnes seinen nichtsahnenden Angestellten, dass er sich schon eine ganze Weile mit dem Thema Arbeitszeit und Produktivität beschäftigt habe und ein Experiment wagen wolle: Sie müssten im März und April 2018 nur noch vier statt fünf Tage in der Woche arbeiten – bei gleichem Gehalt. In dieser kurzen Arbeitswoche erwarte er aber dieselbe oder sogar eine höhere Produktivität als bisher. Zwei Monate lang wurde dieses Arbeitszeitmodell unter Begleitung eines Forscherteams der University of Auckland Business School getestet. Wie Andrew Barnes auch wollten die Wissenschaftler wissen, wie sich die Arbeitszeitverkürzung auf die Zufriedenheit und Produktivität der Mitarbeiter auswirken würde.

Natürlich konnte Barnes vor dem zweimonatigen Test nicht ausschließen, dass die Arbeitsleistung entsprechend der geringeren Arbeitszeit zurückgehen könnte. Da er sich aber zuvor eingehend mit dem Thema beschäftigt hatte, erwartete er das Gegenteil – einen Anstieg von Motivation und Arbeitsleistung. Zudem wusste Barnes durch eine Mitarbeiterumfrage von November 2017, dass fast jeder zweite Mitarbeiter bei Perpetual Guardian mit seiner Arbeitszeit unzufrieden war. Die Beschäftigten gaben an, sich hierdurch gestresst zu fühlen und gesundheitlich beeinträchtigt zu sein. Zudem bemängelten sie Schwierigkeiten bei der Vereinbarkeit von Beruf und Familie. Mit dem Experiment wollte Barnes die Frage klären, ob eine höhere Zufriedenheit und daraus folgend Arbeitsproduktivität die Kosten der Arbeitszeitreduzierung kompensieren würde oder nicht.

Die Lehren aus dem Modell

Im Rahmen einer Vorher-Nachher-Befragung stellte sich heraus, dass der Anteil der Angestellten im Unternehmen, die mit der zeitlichen Relation von Berufs- zu Privatleben zufrieden waren, von 54 Prozent auf 78 Prozent deutlich gestiegen war. Umgekehrt konnte Barnes konstatieren, dass die wöchentliche Arbeitsleistung trotz der reduzierten Stundenzahl gleich geblieben war. Auf der Grundlage dieser Ergebnisse empfahl Barnes dem Unternehmensvorstand, die Vier-Tage-Woche dauerhaft zu etablieren.

Im Juli 2018 gab der Vorstand grünes Licht, und so führte Perpetual Guardian im Oktober 2017 offiziell die Vier-Tage-Woche ein – bei unverändertem Gehalt.

Andrew Barnes betont, dass die reduzierte Arbeitszeit nicht der Ausgangspunkt seiner Idee gewesen sei. Vielmehr sei es ihm um Mitarbeiterzufriedenheit und Arbeitsproduktivität gegangen. Aus Sicht des Unternehmens sei es wichtig gewesen, dass sich die Arbeitsleistung der Belegschaft nicht verringere. Deshalb fordert Barnes einen grundlegenden Wandel, wenn es um die Bewertung von Arbeit geht. Statt der geleisteten Arbeitszeit sollte die Produktivität eines Mitarbeiters das wesentliche Kriterium für dessen Bezahlung sein. Grundsätzlich empfiehlt Barnes die Vier-Tage-Woche auch anderen Unternehmen. Bei Perpetual Guardian können die Beschäftigten übrigens wählen, ob sie die Vier-Tage-Woche mit acht Stunden am Tag von montags bis donnerstags oder aber ein anderes flexibles Modell anwenden wollen.

Bei der Umsetzung des Modells gibt es bei Perpetual Guardian allerdings noch offene Fragen. Denn auch in Neuseeland orientieren sich Gesetzgebung und Lohnsystem an der Arbeitszeit und nicht an der nicht immer einfach zu bestimmenden Produktivität. Zu klären ist beispielsweise noch, wie das Unternehmen künftig die Urlaubstage berechnet.

Ein Autohaus in Schweden reüssiert mit dem Sechs-Stunden-Tag – und ein Altenzentrum scheitert

Erinnern Sie sich, dass der Kalifornier Stephan Aarstol zu bedenken gab, dass der Fünf-Stunden-Tag möglicherweise nicht überall durchsetzbar sein könnte und dabei explizit den Gesundheitsbereich nannte? Genau daran hat die Einführung eines kürzeren Arbeitstages in einem Altenzentrum in der westschwedischen Stadt Göteborg gehakt.

Im Svartedalen Äldrecentrum wurde von Februar 2015 bis Dezember 2016 der Sechs-Stunden-Tag getestet – ebenfalls ohne Lohnverzicht. Genau genommen handelte es sich um eine 30-Stunden-Woche, denn die Schichten der insgesamt 82 Pflegekräfte können an einzelnen Tagen unterschiedlich lang sein.

Der Schritt erschien keineswegs gewagt. Schließlich hatte bereits 2003 eine Toyota-Verkaufs- und Reparaturniederlassung in Mölndal bei Göteborg den Zweischichtbetrieb eingeführt, bei dem jeder Mitarbeiter statt acht nur noch sechs Stunden zu arbeiten hatte – bei unverändertem Gehalt. Bis heute ist dieses Arbeitszeitmodell mit kundenfreundlichen Öffnungszeiten von 6 bis 18 Uhr in Kraft. Die Belegschaft ist von 16 auf 36 Mitarbeiter angewachsen, der Umsatz hat sich vervielfacht, der Gewinn ebenfalls. »Was wir früher in fünf Wochen umgesetzt haben, erzielen wir heute in anderthalb«, sagt Autohauschef Martin Banck. In unzähligen Interviews und Vorträgen hat er dargestellt, dass sich die Verkürzung der Arbeitszeit sowohl für das Unternehmen als auch für die Mitarbeiter lohnt. »Wenn man nur sechs Stunden arbeitet, verringern sich die Unterbrechungen«, erzählte er 2017 der Zeitung *Dagens Arbeite*. Mit dem Ergebnis: »Die Leute schaffen mehr. Sie sind fitter. Effektiver. Ich verspreche: Man leistet 20 bis 30 Prozent mehr in sechs Stunden als in acht. Die Sechs-Stunden-Schicht hat nur Gewinner.«

Im Svartedalen Äldrecentrum in Göteborg hat man die Botschaft wohl gehört. Doch möglichweise hat man hier mit der Reduzierung der täglichen Arbeitszeit zu viele Ziele gleichzeitig zu erreichen versucht: Die Motivation der Mitarbeiter sollte gesteigert, die Krankheitstage in der Belegschaft reduziert und insgesamt die Pflegesituation der Patienten verbessert werden. Pflegeberufe sind körperlich und geistig besonders anspruchsvoll, was sich auf Dauer belastend auf Motivation und Gesundheit der Pflegekräfte auswirkt. Der Test sollte zeigen, ob eine Reduzierung der Arbeitszeit das richtige Mittel ist, um dem entgegenzuwirken. Begleitet und ausgewertet wurde der zweijährige Test von Bengt Lorentzon, dem Inhaber einer Beratungsfirma mit Fokus auf dem öffentlichen Sektor. Lorentzon fand durch Mitarbeiterbefragungen heraus, dass die subjektiv empfundene Arbeitszufriedenheit aufgrund des verringerten Stresses gestiegen war. Die Angestellten gaben an, die freie Zeit für Sport oder andere Aktivitäten zu nutzen. Das hatte sich positiv auf den Krankenstand ausgewirkt.

Lehren aus den Erfahrungen im Svartedalen Äldrecentrum

Den Leitern der Pflegeeinrichtung war von Anfang an klar, dass die Reduzierung der täglichen Arbeitszeit nur mit der Rekrutierung zusätzlicher Mitarbeiter aufzufangen sein würde. Die 14 neu eingestellten Mitarbeiter kosteten das Svartedalen Äldrecentrum in knapp zwei Jahren zusätzlich 12,5 Millionen Kronen, das sind rund 1,25 Millionen Euro. Doch selbst im reichen Schweden war dieser Kostenanstieg nicht vertretbar, weshalb die Stadt Göteborg als Betreiberin der Einrichtung die Arbeitszeitverkürzung zurücknahm. Seit 2017 müssen die Pflegekräfte wieder acht Stunden am Tag arbeiten. Wäre das Modell auf alle Altenpfleger in Göteborg ausgeweitet worden, hätte das die Stadt nach Angaben einer Oppositionspolitikerin umgerechnet rund 85 Millionen Euro gekostet.

Bei öffentlichen oder über Sozialversicherungen finanzierten Einrichtungen ist die Entscheidung für oder gegen ein kürzeres Arbeitszeitmodell in erster Linie eine politische Entscheidung. Weil Schweden in den vergangenen Jahren nach neoliberalen Prinzipien regiert wird, sind einige kommunale Projekte in dieser Richtung wieder eingestellt worden, wobei vor allem mit den höheren Kosten argumentiert wird. Eines wird aber auch in Schweden nicht bestritten: Kürzere Arbeitszeiten gehen mit einer höheren Zufriedenheit der Mitarbeiter einher und reduzieren die Fehltage durch Krankheiten. Der Zugewinn bei der Produktivität lässt sich in der Pflege allerdings nicht so leicht erfassen wie bei einer Kfz-Werkstatt. Hinzu kommt, dass Einsparungen und Mehrkosten ungleich verteilt sind. Weil die Einsparungen durch geringere Fehlzeiten in der Regel der Sozialversicherung oder dem Staat zu Gute kommen, während die Kommunen als Träger der Einrichtungen auf den höheren Kosten für zusätzliches Personal sitzenbleiben, werden nicht wenige Testläufe aus wirtschaftlichen Gründen wieder eingestampft. Auch dabei kommt es oft auf die politischen Mehrheiten in den Rathäusern an.

Und in Deutschland?

Der geregelte Acht-Stunden-Tag feierte 2018 seinen hundertsten Geburtstag in Deutschland. Nach ersten Erprobungen gegen Ende des 19. Jahrhunderts war er seit 1918 gesetzlich vorgeschrieben. Mit dem Ende des Ersten Weltkrieges, der auch in den Rüstungsbetrieben und Munitionsfabriken rücksichtslos auf dem Rücken vieler Arbeiterinnen und Arbeiter ausgetragen worden war, hatten sich Unternehmer und Gewerkschaften auf den Acht-Stunden-Tag geeinigt. Keine Frage, zur damaligen Zeit war das für die Arbeiter und Angestellten eine Errungenschaft. Doch die Arbeitswelt hat sich grundlegend verändert. Und in Zukunft wird sie es in noch weit größerem Ausmaß tun.

In Paragraf 3 des deutschen Arbeitszeitgesetzes heißt es: »Die werktägliche Arbeitszeit der Arbeitnehmer darf acht Stunden nicht überschreiten. Sie kann auf bis zu zehn Stunden nur verlängert werden, wenn innerhalb von sechs Kalendermonaten oder innerhalb von 24 Wochen im Durchschnitt acht Stunden werktäglich nicht überschritten werden.« Studien zeigen jedoch, dass die tatsächliche Arbeitszeit darüber liegt. Eine Befragung der Bundesanstalt für Arbeitsschutz und Arbeitsmedizin (BAuA) von 9 000 Beschäftigten aus dem Jahr 2018 ergab, dass Beschäftige im Schnitt vier Überstunden pro Woche machen. Wobei Studien immer wieder hervorheben, dass Menschen zwar acht Stunden körperlich am Arbeitsplatz anwesend sein, aber längst nicht so lange konzentriert arbeiten können. Deshalb heißt es im Bericht der BAuA: »Psychisch und physisch gesund bleibt der Mensch vor allem dann, wenn er grundsätzlich mit seinem Leben zufrieden ist. Wer den Eindruck hat, dass sich alles der Arbeit unterordnen muss, wird auf Dauer unzufrieden, unproduktiv und letztlich krank.« Die Menschen scheinen das zu ahnen. Die BAuA-Befragung ergab auch, dass sich die Beschäftigten im Mittel eine 35-Stunden-Arbeitswoche wünschen. Jeder zweite Arbeitnehmer möchte kürzer arbeiten als bisher – selbst um den Preis von Lohneinbußen.

Die Erkenntnis, dass sich die Arbeitnehmer mehr Freizeit wünschen, ist offensichtlich auch bei den Gewerkschaften angekommen. So handelte die IG Metall im September 2018 einen Tarifvertrag aus, der es den Beschäftigten der Metall- und Elektroindustrie ermöglicht, eine verkürzte Vollzeit zu wählen. Seit Beginn des Jahres 2019 können die Beschäftigten ihre Arbeitszeit für einen Zeitraum von sechs Monaten bis zu zwei Jahren auf verkürzte Vollzeit reduzieren – wöchentlich auf bis zu 28 Stunden. Diese Option steht allerdings nur Vollzeitbeschäftigten zur Verfügung, die bisher 35 Stunden im Westen und 38 Stunden im Osten arbeiten. Am Ende der vereinbarten Laufzeit erhöht sich die Arbeitszeit wieder auf die normale Vollzeit. Der Haken daran: der Lohn sinkt entsprechend der Arbeitszeitverkürzung. Das macht sich später auch bei den Rentenleistungen bemerkbar.

Deshalb bietet diese Lösung zwar mehr Wahlmöglichkeiten, aber im Grunde ist es mehr ein flexibles Teilzeitmodell statt einer Arbeitszeitverkürzung mit vollem Lohnausgleich. Trotzdem hat der Abschluss eine gewisse Signalwirkung: Erstmals hat eine wichtige Gewerkschaft in Deutschland den Einstieg in die weitere Arbeitszeitreduzierung geschafft. Es dürfte nur eine Frage der Zeit sein, wann dies mit vollem Lohnausgleich vereinbart wird. Die Gewerkschaften wären daher gut beraten, die Produktivität der Mitarbeiter mit reduzierter Arbeitszeit im Auge zu behalten. Mit Spannung blicke ich daher auf die nächsten Verhandlungsrunden von anderen Gewerkschaften.

Es scheint, als wäre der Acht-Stunden-Tag gut hundert Jahre nach seiner Einführung endgültig ein Auslaufmodell.

Kapitel 7
Ausblick

Der Fünf-Stunden-Tag ist nicht genug. Fünf weitere Ideen für die Zukunft

Die Reduzierung der Arbeitszeit allein macht ein Unternehmen noch nicht zu einem innovativen Betrieb oder zu einem attraktiven Arbeitgeber. Um in der digitalen Zukunft bestehen zu können, muss an vielen Stellhebeln angesetzt werden. Das gilt vor allem im Mittelstand, der immer noch das Rückgrat der deutschen Wirtschaft bildet. Doch ohne nachhaltige Veränderungen ist dessen solide Basis – motivierte Mitarbeiter und innovative Technologien – ernsthaft in Gefahr. Ich sehe fünf Felder, auf denen deutsche Unternehmen noch besser werden müssen, wenn sie in Zukunft bestehen wollen: ein neues Verständnis von Hierarchien, mehr Flexibilität, weniger Herrschaftswissen, mehr Diversity und mehr Digitalisierung.

Die Hierarchie aufbrechen

Die Führung von morgen ist kompetenz- und wissensbasiert und beruht nicht länger auf althergebrachten Rollenmustern. Bei uns im Unternehmen kann sogar der Auszubildende manchmal derjenige sein, der sagt, wo es lang geht, weil er sich in einem Thema am besten von allen auskennt.

Natürlich bleibe ich trotzdem der Leiter meines Teams – spätestens dann, wenn kein anderer diese Rolle übernehmen kann oder will. Selbst wenn die Mitarbeiter möglichst eigenverantwortlich arbeiten möchten, brauchen sie gelegentlich den Rückhalt und die Entscheidungsfreude eines Chefs. Aber das sollte heute eher die Ausnahme als die Regel sein. Die Arbeitswelt unserer Eltern sah noch anders aus. Doch heute wissen wir, dass glänzende Ideen auf der Strecke bleiben, wenn die Mitarbeiter wissen, dass der Patriarch immer Recht haben muss. Außerdem: Wer machtbasierte Führung ausübt, unterdrückt damit auf Dauer nicht nur die Motivation seiner Mitarbeiter und verhindert deren Kompetenzentwicklung. Auch innovative Einfälle bleiben in den Köpfen stecken. Denn warum sollten die Mitarbeiter ihre guten Ideen einem Vorgesetzten spendieren, der die Ehre und den Ertrag für sich einheimst?

Es gibt auch handfeste wirtschaftliche Gründe, die für möglichst flache Hierarchien sprechen: Mehr Kontrolle durch Vorgesetzte geht unweigerlich mit höheren Kosten einher. Die kann man jedoch nur dann sparen, wenn die richtigen Voraussetzungen geschaffen werden. Das haben Silvia Teuber und Uschi Backes-Gellner von der Universität Zürich gemeinsam mit Paul Ryan von der Universität Cambridge mit Unterstützung der Hans-Böckler-Stiftung im Rahmen einer Studie 2017 herausgefunden. Ihr Ergebnis: Vor allem eine solide Berufsbildung, Beschäftigungsstabilität und Mitbestimmung ermöglichen es Unternehmen, mit flachen Hierarchien und damit weniger Personal auf Managementebene zu arbeiten.

Flache Hierarchien haben Vorteile für alle. Erstens verkürzen sie die Entscheidungswege und sorgen für eine schnellere Handlungsfähigkeit im Unternehmen. Gerade in großen Konzernen und mittelständischen Betrieben brauchen einzelne Entscheidungen oft zu lange, ehe sie tatsächlich getroffen und umgesetzt werden. Zweitens fördern flache Hierarchien die Selbstbestimmung und Eigenverantwortung, denn wer selbst entscheidet, muss eigene Kompetenzen nutzen und arbeitet dadurch motivierter. Das ist übrigens eines der stärksten Argumente für den Fünf-Stunden-Tag. Und drittens beflügeln sie den Teamgeist, denn wo die Ziele auf kurzen Wegen gemeinsam definiert werden, lernen die Teams, an einem Strang zu ziehen. Die Identifikation mit dem Unternehmen ist überdies ungleich höher, wenn die Mitarbeiter sich und ihre Tätigkeit als wichtigen Teil des Ganzen wahrnehmen.

Für die Führung bedeutet das vor allem eines: Die unternehmerischen Ziele werden weiterhin von oben gesetzt – aber die Umsetzung in die geeigneten Maßnahmen ist Sache der Mitarbeiter. Sie entscheiden nicht, welche, aber *wie* Ziele erreicht werden sollen, und können sich an ihren Vorgesetzten wie an einen Coach wenden, wenn es Schwierigkeiten oder Fragen gibt, die sie allein nicht beantworten können. Für die Führungskräfte im mittleren Management bedeutet das einen Rollenwechsel: weg von Weisungsbefugnis und Aufsicht und hin zu mehr Organisation und Kommunikation. Die Mitarbeiter aber erleben dadurch eine größere Freiheit, denn der direkte Chef ist mehr Partner als Vorgesetzter. Kompetenz statt Hierarchie, Kooperation statt Kontrolle.

Arbeit muss nicht länger an Ort und Zeit geknüpft sein

Im Prinzip lässt sich ein Großteil der Arbeit heute unabhängig von festen Arbeitszeiten und einem festen Arbeitsort erledigen. Die Vorteile der Flexibilisierung von Arbeitszeit und Arbeitsort sind vielfältig. Während die Arbeitnehmer mehr Freiheit und Flexibilität für die Koordination von Arbeit und Familie gewinnen, erhalten die Arbeitgeber motivierte und engagierte Mitarbeiter. Denn allein das tägliche Pendeln zur Arbeit stellt für viele Berufstätige einen ungeheuren und belastenden Zeitverlust dar, bedingt durch frühes Aufstehen, überfüllte Züge und Straßen sowie die stete Gefahr, dass die Anfahrtszeit durch Staus und Zugausfälle erheblich verlängert wird. Trotzdem nehmen die Zahl der Pendler und auch die Länge der zurückgelegten Strecken immer weiter zu. Mit 60 Prozent pendelt mittlerweile die Mehrheit der Arbeitnehmer, so das Ergebnis einer Studie des Bundesinstituts für Bau-, Stadt- und Raumforschung. 1,3 Millionen Arbeitnehmer fahren täglich sogar mehr als 150 Kilometer – in eine Richtung.

Diese enorme Belastung, nicht zuletzt der Umwelt und des Klimas, muss nicht sein. Gerade weniger bekannte Unternehmen oder solche, die in einem strukturschwachen Gebiet angesiedelt sind, können von einer Flexibilisierung der Arbeitszeit enorm profitieren. Das Bundesministerium für Arbeit und Soziales (BMAS) hat für seinen Forschungsbericht mit dem Titel *Mobiles und entgrenztes Arbeiten*« Tausende Beschäftigte zum Umgang ihrer Unternehmen mit der Arbeit im Homeoffice befragt. Dabei zeigte sich, dass hochqualifizierte Arbeitnehmer häufiger als andere im Homeoffice arbeiten (dürfen). Doch nicht nur Führungskräfte, sondern auch Eltern von Kindern unter 14 Jahren arbeiten gerne in einer Mischung aus Homeoffice und Büro. Jeder dritte Befragte gab an, gelegentlich im Homeoffice zu arbeiten – entweder, um außerhalb der Arbeitszeit Themen abzuschließen (durchschnittlich 2,8 Stunden in der Woche) oder um zu Hause seiner regulären Arbeit nachzugehen (durchschnittlich 6,6 Stunden).

Doch obwohl sie so offensichtlich sind, werden die Vorteile flexibler Arbeitszeiten noch viel zu wenig ausgeschöpft. Menschen, die bestimmte Ziele erreichen wollen, können ihre individuelle Leistungsfähigkeit selbst am besten einschätzen und zu den für sie passenden Zeiten höchst produktiv arbeiten. Die gewährte Flexibilität hilft, Auftragsschwankungen auszugleichen, und die höhere Motivation lässt die Fehlzeiten sinken. Gerade in kreativen

Berufen, die in Zukunft am wenigsten durch künstliche Intelligenz ersetzt werden können, ist selbstbestimmtes Arbeiten ohnehin die Regel. Die bessere Vereinbarkeit von Beruf und Familie, ein geringerer Pendelaufwand und individuell günstigere Arbeitszeiten wurden von der überwiegenden Mehrheit der im Rahmen der BMAS-Studie Befragten als Vorteile genannt. Für die nötige Kohärenz im Team sorgen fixe Tage oder Treffen sowie eine klare Aufgabenverteilung, bei der sich die Mitarbeiter untereinander absprechen und aufeinander verlassen können.

Natürlich kann eine Arbeitszeitflexibilisierung auch mit Nachteilen verbunden sein, doch die lassen sich mit einer guten Organisation vermeiden. Ein Fünf-Stunden-Tag statt einer weiteren Ausdehnung der vereinbarten Arbeitszeit ist auch im Homeoffice möglich. Die Kommunikation im Team sollte dabei auf bestimmte Tageszeiten beschränkt sein, denn eine permanente Erreichbarkeit wird nicht nur als stressig empfunden, sondern gilt als entscheidender Grund für Überarbeitung und Erschöpfung.

Weg mit dem Herrschaftswissen

Die erfolgreichen Internetkonzerne und digitalen Plattformen machen es vor: Wissen, das geteilt wird, vermehrt sich um ein Vielfaches, denn es ist die Grundlage für neue Ideen und Entwicklungen. Deshalb hier ein ebenso revolutionärer Vorschlag wie die Fünf-Stunden-Woche: Erfindungen sollten nicht als Kapital einer Firma, sondern als Kapital ihrer Mitarbeiter betrachtet werden. Dass man die geistigen Leistungen seiner Beschäftigten anerkennt und honoriert, ist mehr als nur eine Frage der Wertschätzung des Menschen. Produkte, Verfahren und Patente veralten heute schneller als früher. Weil die Menschen, die mit ihrer Kreativität und ihrem Wissen immer wieder Neues generieren, das wahre Kapital eines Unternehmens darstellen, ist ein gezieltes Wissensmanagement, mit dem Informationen und Ideen im Unternehmen verteilt werden, ein wesentlicher Erfolgsfaktor. Auf der persönlichen Ebene betrachten Fach- und Führungskräfte ihr Wissen zwar oft noch als persönlichen Vorteil im Karrierewettbewerb. Doch je flacher die Hierarchien werden, desto stärker nimmt der Konkurrenzkampf um den persönlichen Aufstieg ab und desto größer wird die Bereitschaft, Wissen zu teilen, um sich selbst, das Team und das Unternehmens voranzubringen und erfolgreicher zu machen.

Und wie lässt sich das konkret umsetzen? Ein gutes Format, mit dem sich der Wissensfluss im Unternehmen in Gang setzen lässt, ist das tägliche Stand-up, wie wir es bei uns seit der Gründung praktizieren. Je nach Teamgröße reichen dafür fünfzehn bis zwanzig Minuten täglich. Im Rahmen des Meetings stellt jedes Teammitglied kurz und knapp den Stand der eigenen Arbeit vor und berichtet über Erfolge und mögliche Hindernisse. Das fördert sowohl die Selbstorganisation der einzelnen Mitarbeiter als auch den Überblick des gesamten Teams über das jeweilige Projekt. Die Meetings legen außerdem offen, wo zusätzliche Kapazitäten zur Lösung von Problemen gebraucht werden und wo diese im Unternehmen zur Verfügung stehen. Die Folge: Alle stehen gemeinsam in der Verantwortung – nicht nur für ihre eigene Arbeit, sondern auch für die der Kollegen. Ein weiterer Vorteil besteht darin, dass Probleme sehr schnell erkannt und darauf reagiert werden kann.

Darüber hinaus gibt es weitere Meetingformate, wie etwa Instant Open Space oder Lean Coffee, bei dem die Mitarbeiter auch zu Fragen der künftigen Ausrichtung des Unternehmens hinzugezogen werden können. Bei uns hat das Team den »Innovation Thursday« eingeführt, bei dem Themen – egal aus welchem Bereich – den Kollegen vorgestellt und im Nachgang diskutiert werden können. Die Erkenntnisse aus all diesen Meetingformaten können dann wiederum im Tagesgeschäft aufgegriffen werden. Moderation statt Expertentum.

Chancengleichheit und Diversity

Bedauerlicherweise kommen die hochaktuellen Themen Chancengleichheit und Diversity in vielen Unternehmen überhaupt noch nicht oder zu wenig vor. Dabei gibt es viele Gründe, warum die auf dem Arbeitsmarkt zur Verfügung stehenden Menschen heute als viel heterogenere Gruppe betrachtet werden müssen als früher. Der demografische Wandel und der stetige Anstieg des Renteneintrittsalters bedeuten, dass sowohl das Durchschnittsalter der Belegschaft als auch die absolute Zahl älterer Mitarbeiter steigen. Die nachfolgenden Generationen sind nicht nur zahlenmäßig kleiner, sondern unterscheiden sich in ihren Wertvorstellungen und ihrer Arbeitseinstellung deutlich von früheren Generationen *(siehe Kapitel 3)*. Dank der Reise- und Arbeitsfreiheit innerhalb der EU sowie der Zuwanderung aus Drittstaaten wird der Arbeitsmarkt globaler und offener. Unternehmen erhalten so einen größeren Zugang zu potenziellen Mitarbeitern. Der Begriff Diversity bedeutet sowohl Vielfalt als auch Verschiedenheit und spiegelt diese Entwicklung auf dem Arbeitsmarkt wieder.

Gerade in den jungen Unternehmen der Kreativ- und Digitalwirtschaft wünschen sich die Mitarbeiter Vielfalt im Team. Sie arbeiten am liebsten in bunt gemischten Arbeitsgruppen, also mit Männern und Frauen, Alten und Jungen, Leuten mit und ohne Migrationshintergrund und auch Mitarbeitern mit Handicaps. Ich sehe darin einen idealen Weg, um Vorurteile abzubauen – vorausgesetzt, dass unterschiedliche Meinungen dazu beitragen, gemeinsam zu einem guten Ziel zu kommen. Im Design Thinking ist diese hohe Diversität Ziel bei der Gruppenbildung, da alle Erfahrungen zeigen, dass umso bessere Ergebnisse in Innovationsprozessen erreicht werden, je unterschiedlicher die Teamzusammensetzungen sind.

Nicht wenige Unternehmen unterschätzen noch immer die Vorteile, die Vielfalt im Team mit sich bringt. Denn von den rasanten Veränderungen in der Arbeitswelt kann nur derjenige profitieren, der sie frühzeitig erkennt und die Chancen, die darin liegen, für sich zu nutzen weiß. Eine diversifizierte Belegschaft erleichtert den Kontakt mit einem breit gefächerten Kundenumfeld. So fühlen sich ältere Kunden oft besser verstanden und wohler, wenn sie von einem Mitarbeiter derselben Generation beraten werden. Sprachhürden und kulturelle Barrieren bei Kundenkontakten und internationalen Geschäftsbeziehungen lassen sich leichter überwinden, wenn im Team ein Muttersprachler die Fremdsprache beherrscht oder von Kindesbeinen an mit den Gepflogenheiten einer anderen Kultur vertraut ist. Dies kann in manchen Geschäftsbereichen ein echter USP gegenüber der Konkurrenz sein. Gemischte Teams finden meist auch bessere Problemlösungen, weil unterschiedliche Sichtweisen auf ein Problem einfließen.

Diversity Management, also die gezielte Zusammensetzung der Belegschaft unter dem Aspekt der Vielfalt, lebt von der Wertschätzung, die jedem einzelnen Mitarbeiter als Mensch mit seinen persönlichen Kompetenzen entgegengebracht wird. Diese Kompetenzen erfolgreich in das Unternehmen zu integrieren, steigert nicht nur die Effizienz und die Motivation von Teams, sondern erhöht auch die Mitarbeiterzufriedenheit. So etwas spricht sich herum und macht ein Unternehmen für weitere Mitarbeiter attraktiv. Für ein erfolgreiches Employer Branding als Wettbewerbsvorteil auf dem Bewerbermarkt kommt es darum nicht auf gut klingende Diversity-Slogans an, sondern auf eine ehrlich gelebte und sichtbare Unternehmenskultur, die sich durch Toleranz und

Offenheit gegenüber unterschiedlichen Menschen auszeichnet und authentisch nach außen getragen wird.

Natürlich hat Diversity auch eine Kehrseite: Gemischte Teams können bei schlechter Führung leichter auseinanderbrechen als homogene Gruppen. Diversity macht viele Themen komplexer und Führung anspruchsvoller. Deshalb sind eine gute Integration von Anfang an, transparente und Diversity-gerechte Kommunikation sowie das grundsätzliche Bewusstsein aller für Diversity im Unternehmen unverzichtbar für den Erfolg.

Digitalisierung gestalten – und nutzen

Die Digitalisierung ist der Megatrend des 21. Jahrhunderts. Unternehmen, die in der digitalisierten Welt überleben wollen, müssen Digitalisierung und Automatisierung vorantreiben, wo immer es geht. Ich gehe so weit zu sagen, dass letzten Endes nur das an menschlicher Arbeit im Betrieb behalten werden sollte, wo die Menschen der Maschine, auch der mit künstlicher Intelligenz ausgestatteten, überlegen sind.

Das betrifft vor allem die Arbeitsbereiche, in denen es auf Entscheidungsfindung, Kreativität und Überzeugungsfähigkeit ankommt. Ein Vertriebsteam wird man nicht ersetzen können – administrative und simple Aufgaben mit häufig wiederkehrenden Routinearbeiten dagegen schon. Innovationen müssen strategisch betrieben werden, denn neue Produkte und Dienstleistungen verändern fast alle Märkte heute in schnelleren Zyklen als je zuvor. Wer gestern noch top war, kann morgen schon einem neuen Marktführer hinterherhecheln. Um Trends frühzeitig zu erkennen, war strategisches Netzwerken für alle Mitarbeiter im Unternehmen noch nie so wichtig wie heute. In einer komplexen Welt stehen Führungskräfte mehr denn je vor der Aufgabe, Orientierung zu geben und Mitarbeiter zu unterstützen. Deren Selbstständigkeit zur kundenorientierten Problemlösung sollte gefördert und erwartet werden, denn in einer digitalen Welt ist Erfolg nur im Team möglich.

Wie bei anderen Trends stehen in deutschen Unternehmen auch hier oft die Bremser im Weg. Ein Problem, das schon der britische Ökonom John Maynard Keynes vor achtzig Jahren in seiner *Allgemeinen Theorie der Beschäftigung, des Zinses und des Geldes* so beschrieb: »Die Schwierigkeit liegt nicht so sehr in den neuen Gedanken als in der Befreiung von den alten.« Richtig genutzt könnte die Digitalisierung zum größten Förderer des Fünf-Stunden-Tages in Unternehmen werden. Denn es braucht zwar weniger, dafür aber umso kreativere Mitarbeiter, um in Zukunft bestehen zu können.

Keine Frage, die Digitalisierung bedeutet einen tiefgreifenden Wandel für Menschen, Prozesse und natürlich auch Führung – mehr als die drei industriellen Revolutionen zuvor. Gute Führung im digitalen Zeitalter setzt voraus, dass man sich mit einer Sache identifiziert und seinen Mitarbeitern als Vorbild vorangeht. Klarheit bei der angestrebten Strategie und ein Wissensmanagement, das die Strategie für alle verständlich macht, sind dabei wichtig. Zudem sollte jegliche Kritik in Teammeetings konstruktiv sein und auch die Fehlerkultur im Unternehmen positiv besetzt werden. Wer Angst vor unsachlicher Kritik oder Fehlern hat, wird eher schweigen und möglichst Fehler vermeiden wollen. Entscheidungen werden dann hinausgezögert oder es wird sich davor gedrückt. Deshalb sollte man als Unternehmer sein Team fördern und seine Mitarbeiter dabei unterstützen, sich weiterzuentwickeln.

Die vorhandenen und absehbar künftigen Einsatzmöglichkeiten digitaler Lösungen decken einen Großteil der durch Menschen ausgeführten Tätigkeiten ab. Die nächste Generation von Performance-Management-Lösungen richtet den Blick nicht länger auf die Automatisierung von Prozessen und Abläufen – dieses Thema ist bereits in vollem Gange. Der Fokus beim digitalen Performance Management liegt auf der Employer Experience im digitalen Arbeitsumfeld. Wie können Mitarbeiter und Vorgesetzte besser miteinander verbunden werden, schneller und beweglicher miteinander interagieren und kollaborieren?

Auch für all das gilt: Wer seine Arbeitszeit effizient nutzt, dem werden fünf Stunden am Tag reichen.

Dank

Die Idee und Durchführung des Fünf-Stunden-Tages wären ohne den Einfluss, die Begleitung und die Hilfe von vielen Menschen nicht umgesetzt worden. Mein besonderer Dank gilt daher

- ✔ meinem Vater, der mir vorgelebt hat, dass Werte wichtiger sind als Geld,
- ✔ meiner Mutter, die mir bis heute zeigt, dass ein »Augen zu und durch« ab und an durchaus nützlich sein kann,
- ✔ meinen Geschwistern, die mich mit guten Ratschlägen und Unterstützung in jeder Lebenslage begleiten,
- ✔ meiner Frau, die mir stets zur Seite steht, mir andere Perspektiven aufzeigt und mich einfängt, wenn ich Gefahr laufe, Dinge zu einseitig zu betrachten,
- ✔ meinen Kindern, die mir täglich aufs Neue aufzeigen, dass Bekanntes und »Normales« durchaus hinterfragt werden darf,
- ✔ meinen Freunden für offene Ohren und ehrliches Feedback, und besonders Jacob für den wertschätzenden und immer nur gut gemeinten Gegenwind,
- ✔ unserem Supervisor Martin Johnsson für seine Arbeit mit mir und meinem Team,
- ✔ Sascha Armutat von der FH Bielefeld für seine wissenschaftliche Begleitung des Projekts,
- ✔ dem Team des Campus Verlags für die Geduld, die Beratung und die Begleitung durch das Projekt »Buch«,
- ✔ unseren Kunden, die sich vertrauensvoll auf das Projekt eingelassen haben,
- ✔ und nicht zuletzt: Meinem Team! Ohne Euch wäre das alles gar nicht so möglich gewesen. Danke, dass ihr den Prozess fortlaufend mitgestaltet habt – ich freue mich auf die weiteren Jahre mit Euch!